THOMAS KLING

Auswertung der Flugdaten

THOMAS KLING

Auswertung der Flugdaten

DUMONT

Für Ute Langanky

Só vvázton sie íro gríffela.
Notker der Deutsche / Martianus Capella, De nuptiis Philologiae & Mercurii

»Nach den Regeln« schreibt der Dilettant, den richtigen Befolg der Regeln kritisiert der kunstfremde Dozent. So nur hat der Satz vom Zwang der Form, vom Primären der Form einen Sinn. *Alles* ist Form: das darf nur der Dichter sagen.
Franz Blei

This is no time for puns!
Groucho Marx, Duck Soup

]
]
]
]thoughts
]barefoot
]
]
]
]Anne Carson, Fragments of Sappho

Durchbrecht das Buchwissen,
auf daß euer Verstand nicht gebrochen werde.
Alchemistischer Meisterspruch

Das soll natürlich nicht heißen,
daß die Zahl der Metaphern sich erschöpft hätte.
Borges

Gesang von der Bronchoskopie

»Wer bist du?«

»Ich bin der tod!« sprach jener
mit ganz heiserer stimme.

Ludwig Bechstein, Gevatter Tod

Arnikabläue

so fran-
st grafit das hochgebirge aus mir:
den kopf, die abzählbaren kuppen.

sonne strahlt arnika, trotzdem: frantic,
reichlich alles. die im blauen kranz,
herzkranz austobt sich, protuberanzen.

schraffuren erzeugend im blau –
yves-klein-pigment? sei's drum.
wenn diagnose steht ersma' – frantic.

wie man eintäufte in meine brust,
rumfuhrwerkte darin und loren proben
abtransportierten, nix von gemerkt – frantic.

und kein wort über wartezeit, das bahreliegen,
unter heimeligem stammheimdeckenmond,
die unvertrauten männerstimmen.

so fran-
st grafit, in selbsteintäufung, mir's hochgebirge
aus. griesbach unhörbar, als schleiernder, ab-

schleiernder striem: sichtbar.
das helle eben – eben das nichttextband.
direttissima, vertraut mir, des sehens: wie,

wie: gewohnt und, eingebaut, die gemeine
fallhöhe. in den zahnstand, schlecht aus-
geleuchtet mundräume. mein insgesamtes

griesgesicht macht's aus. da, körnig:
am hang das speismohn-gärtchen.
wo höhen luft mich kirret, dich gleich mit.

der irrsinn: wie arnikabläue revier
sich absteckt: und überstrahlt, natürlich.
um in die brusthöhl' einzufahrn.

durchschliefte schlüfte,
die all durchschlaf'nen gärten.
an vielzahl: riss und schründe;

schacht und schicht.
.. so rollig:
grus abschleiernden gebirges halt.

so folgt nach mutung einschlag,
ärztlicherseits.
sie täufen ein.

jetzt ist es. jetzt werd ich:
zum schacht, zum *lungen-
schacht* wird ich.

»schacht arnika«: die
firstenzimmerung droht in
arnikabläue aufzugehn!

wohinein ins
unvermutete das
liecht sich verliert.

Vitriolwasser

»mein handwerkszeug kann mir brot und tod geben!«, spricht der
doctor,
der doctor, und nimmt sein gezähe zur hand. füllt vorher den
muthzettel aus.
und nimmt sein gezähe zur hand. der doctor teuft ein – unser
allwissend, doktor
hall-weisend, doctor halb, doktor alpwissend, du, eintäufer rein,
rein *stocher*
-stocher in meine gestochene, wie scharf gebeizte lunge.

wie soll man sich fühlen, wenn man am rande der grube steht?
fragt
der poundbärtige von wien in den hörer, als poundbärtig er am rande der grube stand. nun! die grube bin ich. genau.

hör zu. das auf
zugrabende.

das zu scharrende.
das alles aufzugrabende.

ich – stollenbahrer,
ich – claimhabit.
verschütteter – intakt? ich – berghabit,

so kam ich –
kam ich unter.
so kam ich zum erliegen.

[Flur. Diagnose]

»huhu, teufe du,
schleuß dich zu!

soviel flimmerhaare,
soviel flimmerjahre.
so von oben so von unten,
alle zeit und alle stunden
hart gebunden,
fest gebunden.

schleuß dich zu,
teufe du!«

[Flur. Diagnosezeug]

und alle viertelstunden
blutbildstörung – blutbildkontrolle
alle viertelstunden kommt

eine knappin vorbei, schiebt eine lore,
ausm OP übern flur, auf denen gebraucht,
im hellen schleim, gebrauchsschleim

liegt schlauchiges gezäh im schlamm,
liegt obenhin in linnen dürftig eingeschlagen:
dass Du's, mein kind, auf diesem flur

gut
sehen kannst.
für die *unsaubere seite.*

[Radiologische Mutungen]

so rollige bergart – es rieselt,
rollert stärker schon, abschleiernde fähnchen
sandiges schleiern, macht sich bemerkbar,

husten,
knirschen.
husten bersten lungenstich

die firstenzimmerung
                                        bricht ein –

aus brüchigem barock –
ein letzt seelenfestigender
funkspruch noch:

»brüder, rettet euch! schnell,
's macht ein' bruch!«

dann find' man, ferner,
erst nach sechzig jahre nix
(falun) und liegt und liegt
und liegt geborgen / un–
geborgen: i vitriolvatten.
angeblich gelblich, und
doch nicht ungesund
die farbe, conservirt

Ach je

als heckenpennes im krankehus:
mit sechs mann hoch, op bahre,
in eine reihe: jong –

So war dat aber
bestemmp! Schwester!
Häär Dokteer!

Aber so war dat –
Dat war so – so war dat –
Zu Neuss am Rhein.

Inhalator

anweise atemtelegramm. flatternd.
und wie von polarfuchs heiseres gebell,
das blauflatternde, geflatterte ventil, arnika-

blaue lüfte: das ein sehr zartes wölkchen
jeweils entlässt; aus emser salz ein wölkchen.
salzbarke, die in see sticht. um sofort

überzugehn in aufste auflösung. über-
gangslos hinflatternd, wie anweise polar-
fuchstelegramm gestossen. bei stiemendem fell

hervorgestossnes: atemmail, wie metal aim
gezähnte lüfte. so lautet inhalt, kurz hall-mail,
so inhaliert uns der dichter.

Mahlbezirk

Fing das räderwerk der mühle an zu klappern, so sprach es

Jacob und Wilhelm Grimm, Der Zaunkönig

sie tritt ins bild; die das licht scharf
trennt, die bildsichel. danach die vorm licht
zitternden, die lichtungewohnten dinge.

eine kamera – art funkelnde handmühle –
im verkleinerungszimmer schnurrt sie.
der arbeitsraum sträubt sich.

schon selbsttätiges,
über ächzende treppe kommendes bild.
das abgewetzte tritt auf. und die würde. das
ausgetretene, hinzutretende stufenholz.

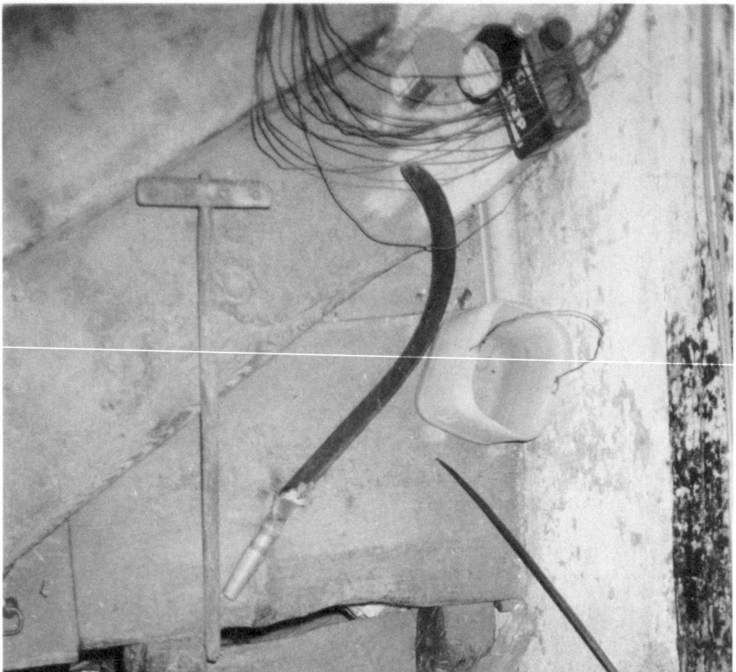

gesichtetes,
gesicheltes.

augenbesetzter hang
augenbesetzte wand,

die scharfe gerätschaft (ausschnitt).

hörst liebste du
verschärften donner rollen?
der nur ein titschendes,
von kamm zu kamm auf-
titschendes knäuel vorhin war?

anschnitt; schnitter und cutter.

siehst du, als mühlstein
wetzt er, als mahlstein schnurrt er,
als bühlstein, liebste, kegelt er vom berg.

als sensenblatt, liebster, dengelt
ja der blitz in den hang.

das licht steht staubig –
stäubchen-strömung in der tür.

die sonne, feuermühle,
die euch gemahlen hat, geht scharf.

so steht das licht –
steht staubig in der tür.

den absprang
der im kaumlicht glitzte,
bei leisem sprechen aufzufangen,
da es vom mühlrad absprang,
flink, das da bei junglicht ging.

mit roten fingern, kalten hand-
gelenken heimzutragen,
absprang, stumm.

während selbsttätig
ein hochstäuben geschieht;
gesteuert, von *selbsttätigen bildern*.
während …

zerkleinerungsprozesse letztlich
noch stattfinden.
kleinere rufe,
hinweise, fingerzeig.

währenddessen durchs ausguckfenster
schattenwanderung sich anbahnt,

und draußen
das wasser sich eindunkelt bereits.

hält das seil?

hoch an die decke zogen
wir, atem,
den oberen hinauf:

falsch eingesetzte steine.

damit ich, atmend,
den unteren stein
zurechtsetzen konnt.

machte da am triebloch herum:
unter schwebender feder

mein atem!
reißt das seil

Ethnomühle

den toten aber werfen wir
dies hinterher:
                                        die handvoll mehl.
nicht wiederkommen sollen sie!
von ungebornem, von der zukunft
sollen sie nichts wissen.
                                                                so stäubt es. kurz.
ein kleines stiemen
von der fläche.

und blieben abgemalt:
im weißen handfleisch (knochenmehl) die linien.

hörten (innenansicht) den geräuschen zu –
das ist, wie mehl verfliegt

getriebe innen. mahlwerk-ortstermin.
geächz der mühle im eigengeräusch.

drei münzen und drei mohnköpfe
die warfen sie in ihre mühlenpfanne.
ein beuteln wird entstehn, unhörbar wars, unhörbar:
ein schlackern, quarren, klappern – mehl
bleibt nicht sichtbar / nicht sichtbar / nicht:
sack, gast, gespräch.
                                                            die ganze gemahlene mühlensprache.

Working Song

von eisen der bach,
und wie er uns antrieb!
antrieb, flüssig, das mühleisen, das uns begleitet.

knirschend der stein, knirschend begleitender stein.

und die mühle sprach.
sprang.

ihre mühlensprache sprach sie: flüssig,
in zerkleinerungsform.
sprach wie im rausch.

den bach verfällten die einen
dem neuen.
trafen sich
bei nacht.

weil wir uns
so sehr gehaßt haben
haben wir uns
das wasser abgegraben.

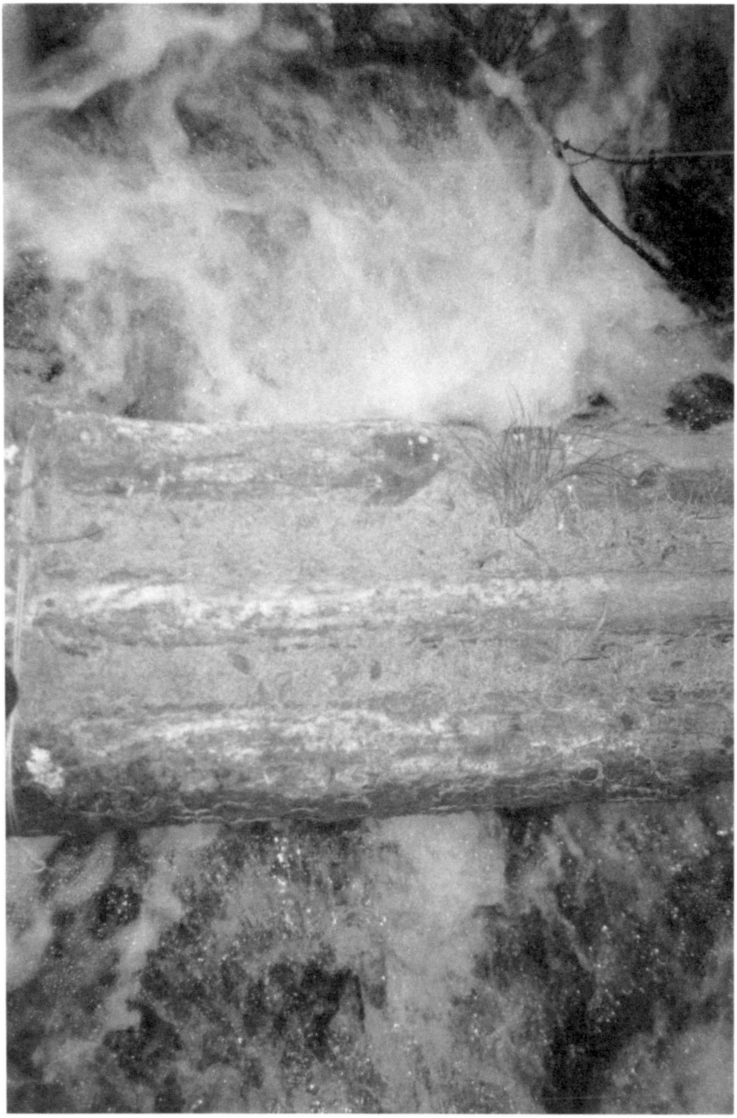

Projekt »Vorzeitbelebung«

Euripides' Bakchische Epiphanien

In den *Bakchen*, dem letzten Stück, das Euripides geschrieben hat, im Exil in Makedonien, berichtet ein (nicht initiierter) Rinderhirt von der versteckten Beobachtung des ebenso geheimen wie ungewöhnlichen Bakchen-Festes. Dieser Mann berichtet von städtischen Frauen jeden Alters in Ekstase, die sich in abgeschiedenen Bergwäldern zur Feier des Gottes Dionysos treffen. In der Reportage des Ritual-Voyeurs heißt es:

»Wie des Festes Stunde kam,
Da schwangen jene zur Feier ihren Thyrsosstab,
Aus vollem Munde Bromios, den Sohn des Zeus,
Den Bakchos rufend, und der Berg und das Wild umher
Stimmt in den Jubel: alles wogt in raschem Lauf.«

Ist dieses vorzivilisatorische Fest, das der attische Tragödiendichter auf die Bühne gebracht hat, ist diese dionysische Epiphanie aus vermeintlich un-rhythmischer Körperbewegung und wilder Klangkulisse, aus jauchzendem Cluster und schwankendem Stammeln, kulminierend im evokatorischen Erscheinungs-Schrei, schon zu seiner Zeit – um vierhundert vor Christus – eine »Vorzeitbelebung« gewesen? Vorzeitbelebung – ein Wort Rudolf Borchardts aus dem frühen 20. Jahrhundert, mit dem der Dichter seine Annäherung, sein übersetzerisches (und translationstheoretisches) Andocken an antike, vornehmlich griechische und hochmittelalterliche Literaturen zu umkreisen versucht hat. So hat sich Borchardt auch an einer »Bacchischen Epiphanie« versucht; abgearbeitet hat er sich zwischen 1901 und 1912 an der Re-Konstruktion einer solchen Sprach-Göttererscheinung, der er in der letzten Fassung (von dreien) ein

Euripides-Bakchen-Motto vorangestellt hat, das von dem »barbarischen« Jubel der Frauen, dem irritierend fremden, fremdländischen, dem fremd- und anderssprachigen, dem unverständlichen und sogar nutzlosen Jubel des Bakchenschwarms spricht. Das ist natürlich Sprach-Programm. Das in der Tat hochkomplizierte, hochkomplexe borchardtsche Bakchen-Gedicht, verständlich in seiner artifiziell-konstruierten Geste nur dem Eingeweihten: So hat es sich der Dichter gedacht – Borchardt als Einmann-Georgekreis. Borchardt, der, tragisch genug, der Chimäre des gesellschaftlich unkündbaren Dichters in der unantastbaren Instanz des posthölderlinesken Seher- und Kündergottes nachgejagt ist – das war im Wilhelminismus schon längst Auslaufmodell und traurige Solorolle.

Dionysos Bromios – der Gott des Schalls

Wer ist dieser Dionysos Bromios, den ein inner cercle, die Bakchen, in schwerverständlichem Jubel ekstatisch verehren?
Wir zoomen auf Bromios, den Schallwort-Gott, wir konzentrieren uns auf den dionysischen Geräuschgott, der eher für den Philatelisten interessanten Genealogien der griechischen Götterwelt nicht achtend, und erwähnen an bedeutenden Eigenschaften den Vegetations-, Wetter- und, natürlich, den mit dem Matriarchat verbundenen Fruchtbarkeitsgott Dionysos.
Bromios: ein Gott des Akustischen ist er von seinem Namen her – ein lauter und ein leiser Gott, ein Rauschender und Tosender; ein wie der Bienenschwarm summend-brausender; ein wie die Pferdefliege, die Bremse, aggressiv brummender. Das griechische *brómos* umfasst das Prasseln des Steinschlags, das Gebirgswaldbrausen, das vieltonige Getöse des Baches, der stürzt. Im Altindischen findet sich die Verbindung zur produktiven Biene, die wiederum mit

dem aus dem kleinasiatischen Raum nach Griechenland eingewanderten Dionysos zu tun hat.

Hermes und Bromios: Zwei göttliche Akustiker

Ist Hermes der Verständlichmacher *qua Wort*, so könnte Dionysos Bromios als *nonverbaler* Kommunikationsgott charakterisiert werden. Doch gänzlich sprachlos kann er nicht sein: Ist doch der Thyrsosstab, eines seiner Hauptinsignien, den die Bakchantinnen schwenken, aus dem Narthex, dem zwei Meter hoch werdenden Stecken- oder Rutenkraut gewonnen, der in der an das Schriftliche geratenen Antike seinen Nutzen fand als Aufbewahrungsort von Manuskripten. Und von Salben. Zudem nennt der Mythos den hohlräumigen Narthexstengel als Medium zur Verbergung des von Prometheus gestohlenen Feuers. Auf welches der quicke Trickstergott Hermes, mit seinen nomadenhaften Zügen, durch seine Kreativität stößt, »gleichsam im eigenen Geiste«, wie Karl Kerényi schreibt; so kann die Feuer-»Erfindung« als ein Abfallprodukt des durchaus assoziativ umherschweifenden, halb zielgerichtet vornomadisierenden Intellekts gelten.

Auf jeden Fall haben wir es bei der dezidierten Feuernutzung mit einem immensen Qualitätssprung zu tun, der ganz deutlich das Überspringen der Grenze zwischen Tier und Mensch markiert. Während bislang die älteste Feuernutzung circa 500 000 Jahre zurückdatiert wurde, hat eine Forschergruppe in Israel kürzlich 790 000 Jahre alte kontrollierte Feuerspuren gefunden: Holz war darunter von wilden Weinstöcken, von Ölbäumen und Stengel von wilder Gerste waren mit dem Feuer in Berührung gebracht worden: alles Pflanzen, von denen man sich – zu jeder Epoche – bestens ernähren kann.

Der Menschheitsbeglücker Prometheus endet *immobil*, in kaukasischer Gebirgswand auf dreißigtausend Jahre angeschmiedet, während Hermes, der Ober- wie Unterweltler, sich ins Fäustchen lachen kann: »Ja schöner ist es, da dem Fels fronhaft zu sein / Denn Vater Zeus zu dienen als ein Bote treu«, solch lose Reden läßt Hesiod in der *Theogonie* das Mobilitäts- und Kommunikationsgenie führen.

Erkennt Karl Kerényi in dem Narthex-Stengelträger Prometheus den »dionysisch verkappten« Feuertransporteur, der, wie hinzugefügt werden kann, vom Feiern freilich nichts versteht, so hat es Hermes mit seinem Stab in der Hand, den Menschen in antagonistische Welten zu entführen, ihn sehend auf zweierlei Weise zu machen: mit seinem Stab berührt er deren Augen, solchermaßen in Schlaf versenkend, wie aus dem Schlaf aufweckend. Ein Traumjob.

»Eyes wide shut«.

Dionysos 1900

Vor hundert Jahren, 1904, gibt der Erforscher griechischer Kulte, Paul François Foucart, dieses dem neckischen Jugendstil nicht ganz fernstehende Dionysos-Bild: »Allezeit sind die hohen Gipfel bewaldeter Berge, die dichten Eichen- und Pinienforste, die efeubewachsenen Grotten sein bevorzugtes Herrschaftsgebiet geblieben ... Wenn sie die Bäche in schäumenden und tosenden Kaskaden herabstürzen sahen, wenn sie das Brüllen der Stiere hörten, die auf den Bergwiesen weideten, und dem geheimnisvollen Rauschen der vom Winde bewegten Baumwipfel lauschten, dann glaubten die Thraker die Stimme und die Zurufe des Herrn dieses Reiches zu vernehmen; und sie schufen sich in Gedanken das Bild eines Gottes, der gleichfalls an regellosen Sprüngen und tollem Lauf seine Freude hatte.«

Das Schluß-Bild, das der Pariser Religionshistoriker vom Vegetations- und Akustikgott entwirft, hat nun überhaupt nichts mehr mit dem lauthals Tier- und sogar Menschenopfer fordernden Dionysos und seinen auf recht direktem Gebirgs-Weg der Prähistorie Entstiegenen, den ekstase- und blutbereiten *Bakchen* à la Euripides zu tun. Vielmehr bekommen wir das leicht parfumierte Tableau hellenischer Forscher-Idyllik einer gemütlich-plüschigen, dabei – genau betrachtet – unverstellt sexgeladenen Karnevalisierung im Stil der Belle Epoque zu sehen. Wenn den Historiker und Antikefreund das Fell juckt! Soviel zur akademischen Vorstellung von kultischer Regellosigkeit (Kulte werden von Regelwerken bestimmt), von Voyeurismus und bukolischer Projektion.

Wenn den Antikefreund das Fell juckt, er aber *kein* Gefühl für Geschichte hat? Dann bekommt man Kostümfilm – Sandalenfilme aus den Grünbein-Studios.

Nicht zuletzt die *Schlüssellochperspektive* ist es, die bei Borchardts Blick auf *Bacchische Epiphanien* zu beobachten ist – nun freilich wilhelminisch hochgeschlossen, nun angespannt bis zum Äußersten, verquälter. Man kennt das von den zahlreichen Jüngeren noch: den Expressionisten, zumeist gejagten Jungakademikern, zumeist aus Berlin – oder nix wie hin in die Hauptstadt, zwei Hauptstadt-Semester sind Pflicht, und die aufgelaufenen Saufschulden begleicht diskret der Herr Papa. Expressionisten, die den väterlich-gefräßigen, glitschig-schweißgebadeten »Gott der Stadt« als insgesamt aussichtslos unangreifbar angeheult haben, wie es das prominente Wintersportopfer Georg Heym tat.

Diana und Aktaeon. Die Verstreuung der Glieder bei Ovid

»Es seind sonst etliche Zeichen, darob man sich wohl zu verwundern hat (...)
Dieser Signator signiert dem Hirsch seine Horn mit Zinken, daran man sein Alter erkennt. Denn soviel das Horn Zinken hat, soviel ist er Jahr alt. Dieweil ihm ein jedes Jahr einen neuen besonderen Zinken, mitsamt dem Horn gibt, mag man den Hirsch erkennen, von einem bis auf zwanzig oder dreißig Jahr.»

Theophrast von Hohenheim genannt Paracelsus, Schriften

Bei Euripides wird der Voyeur des dionysischen Rituals von den Bakchen mit dem Tode bestraft. Er wird schlicht zerrissen, zerstükkelt – zur Unkenntlichkeit deformiert. Das kennt man aus den Metamorphosen des Ovid, aus der Erzählung von der beim rituellen Tauchbad beobachteten Diana und ihren Gefährtinnen und dem Jäger Aktaeon, wo es den Voyeur ebenfalls tödlich erwischt, er wird ebenfalls in Stücke zerrissen. In der römischen Erzählung allerdings schon harmloser, insofern, als es sich nicht mehr direkt um ein Menschenopfer handelt (es wird nicht von Menschen durchgeführt), sondern um eine – wenn auch ebenfalls letale – Bestrafungsaktion, die auf Göttinnen-Geheiß von dienstbaren Tieren übernommen wird: Herr Aktaeon wird nicht mehr von seiner Hundemeute erkannt; die ist von der, womöglich intensiver riechenden, Göttin umgepolt und ignoriert's Herrchen, verweigert ihm den Gehorsam, verweigert Vertrauen in sein jammervoller werdendes Flehen hinein – hier findet im Nu die schwerste, tödlich endende Kommunikationsverweigerung statt. Der eklatanteste Vertrauensbruch wird hündisch und im Halsumdrehen umgesetzt. Diana, die Jagdgöttin selbst hat den Jagdgast in ihren Wäldern sich zur Brust genommen: ihn (er war nur Gast auf ihrer Erden) geradezu alchimistisch (lies: metamorphotisch) in einen Hirsch transformiert, in ihr Beutetier, auf welches seine schaumigen Köter sich stürzen, ihn flugs zu deformieren, auseinanderzunehmen, der Göttin das möglicherweise nicht ganz waidgerechte Schlachtgeschäft abzunehmen – ihn hellgrau zu entbeinen:

»... so wird die akte Aktaeons geschlossen.« *Kling, Fernhandel*

Interessant dabei ist, dass der hirschgestaltige Aktaeon (oder: Aktaeon als Hischgestalt) sehr wohl seine Menschen-, seine Herrchen-Stimme behalten hat, nur eben nicht mehr seine Befehlsstimme; seine Alphatierfunktion hat er an Dianas Waldrand abgegeben. So ein Stimmchen behält er nurmehr übrig. Das freilich nur noch tönt, so halbwegs menschenähnlich aus der Hirschkehl' dringt, auf die aber kynischerseits schon gar *nicht mehr gehört*, schon *nicht mehr reagiert* wird: Transformation zur stimmlosen Stimme, die von der scharfgemachten, reißenden Meute *übertönt* und *überdeckt* wird – weißes Bellen, Fading.

Grausame Wandlungen, schauderhafte Metamorphosen! Die Bakchen – den Dionysos unaufgedeckt im Hintergrund, und zwar im brummelnden, zum Donner anwachsenden Hintergrundrauschen –, die einen Schuldiggewordenen dem Gott zum Opfer bringen, um zweierlei wiederherzustellen, Ordnung und Geheimhaltung. In der Ovidischen Transformations-Variante befiehlt Diana aus denselben Gründen das kynische Menschenopfer. Im griechischen wie im römischen Fall geschieht der Vollzug der Todesstrafe unversehens, ganz direkt und ungesäumt, und in beiden Fällen ist er mit *disiectio membrorum*, mit der Verstreuung der Glieder, verbunden.

Schädelmagie I

Formenkreis Medusa.
Bleibt dabei der Kopf heil? Bleibt bei diesen Formen der Kopfjagd, denn zweifellos handelt es sich um nichts anderes, der Kopf heil?
»gedicht ist nun einmal schädelmagie« *Fernhandel*

Einer, der frönt der Kopfjagd, wie es ihm in der Antike, und viel früher noch, in der Vorgeschichte, vorgemacht worden ist.
Das ist der Dichter.
Vorgemacht worden ist von einer auffällig blutrünstigen Mythenwelt.
Die er, als Demiurg, in allen Kulturen mit entworfen hat.
Das gängigste Beispiel nur, nach wie vor *das* Sehnsuchts-Zentrum von Rest- und Posthumanisten: Athen natürlich. Deren Stadtpatronin höchstselbst das Kopfjagd-Symbol in ihrem Schild trägt – das Haupt der Medusa. Ihr, Athene, der Auftraggeberin, von Perseus, dem Kopfjäger, überbracht.
Wie bleibt dabei der Kopf heil? Das Heldenhaupt?
Zur Kopfjagd Marke Hellas äußert sich der 1965 verstorbene Ethnologe Adolf Ellegard Jensen, und man kann sich vorstellen, wie die Humanisten der ausgehenden Ära Adenauer – zu einer Zeit also, in der es noch nicht die Oberstufenreform der weiland Gymnasien gab – reagiert haben müssen. Jensen schreibt: »Die Kopfjagd wird besonders greifbar in den äußeren Umständen: Medusa wird nicht erschlagen; der Auftrag lautet vielmehr von vorneherein, das Haupt der Medusa mitzubringen. Athene befestigt den erbeuteten Kopf auf ihrem Schilde, wie wir von vielen Kopfjäger-Völkern hören, daß sie Beuteköpfe an ihrem Gürtel tragen.«
Damit nicht genug: »Nach einer anderen Version wurde der Kopf

der Medusa auf dem Markt von Athen unter einem Erdhügel begraben, was uns an die weitverbreitete Sitte bei Naturvölkern erinnert, den erbeuteten Kopf unter dem Hauptpfahl eines neu zu errichtenden Tempels zu vergraben.«

Der Ort der dionysischen Feierlichkeiten ist auch bei Euripides ein zentraler –, vielmehr ein dezentraler – ein prämetropolitaner – Kultplatz. Es sind die grenzziehenden, unwegsamen, bis 1400 m hohen Bergwälder des Kithairon, zwischen Theben und Athen. Noch liegen die Städte, die Metropolen fern vom Kult des Gottes! In der klassischen, wenn auch modifizierten Übersetzung Donners schreibt der archaisch-mündliche Archive ausschöpfende Theatermann über die Bergung des Kopfes des »Opfermord«-Opfers (so die Distanzierung des Euripides vom blutigen Geschehen), die durch die Mutter, die zudem aus dem manischen Bakchenschwarm ist, vorgenommen wird:

»In Stücken liegt die Leiche teils auf ragenden
Felshöhn und teils in dichtbelaubtem Waldgebüsch,
Nicht leicht zu finden. Aber sein unselig Haupt
Ergriff die Mutter mit der Hand und steckt es hoch
Auf ihren Thyrsos, trägt es wie des Löwen Haupt …«

Stolz – so hat man sich diese Mutter vorzustellen, stolz darauf, dass der Sohn Objekt des Opferkults sein darf, darin der Hinterbliebenen des miles christianus, der Kriegerwitwe oder der islamistischen Märtyrermutter ähnlich. »Sich brüstend«, so trägt sie den aus dem Dickicht geborgenen, vermutlich ziemlich entstellten Kopf vor sich her, auf dem Thyrsos, der phallischen Kultstange, der sonst vom Pinienzapfen gekrönt wird.

Schädelmagie II

Ein anderer Augenzeuge, des Unglaubens voll, berichtet Anfang des 21. Jahrhunderts auf Super RTL von einem Frauenmörder, der mit tropfender Trophäe auf der Straße einer europäischen Stadt angetroffen wird. Aus seinem Botenbericht:

»... da seh ich – der hält den Frauenkopp am Haar! Anne Mähne!«

Schädelmagie III

Wie bleibt dabei der Kopf heil? Das Götterhaupt?
Wie steht es mit der *Antikenverwaltung*?
Über die römische Dionysos-Variante des, nun eher hedonistischen, sogar das bürgerlich Gemütliche streifenden Bacchus lesen wir bei Ovid, gleich zu Beginn des vierten Buches der Metamorphosen. Wir erfahren von der Vielgestaltigkeit des Gottes, dessen Beiwort des Natur-Geräuscherzeugers und Soundspezialisten – des Bromius – auch von dem Römer ganz zuvörderst genannt wird.
Nebenbei: Euripides und Ovid teilen das Schicksal des Exilierten, des in jeder Hinsicht an den Rand Gedrängten; dem Euripides hat man darüber hinaus einen besonders grausamen und schmählichen Tod nachgesagt, wilden Hunden sei er zum Opfer gefallen – und sofort: fällt einem Aktaeon ein.
A-sexuell aufschlussreich ist die Gestaltbeschreibung des nun schon auf Badehausathmo runtergerömerten Bacchus bei Ovid. Der Dichter, der bei seinem vor Wohlleben aus dem Leim gehenden Gott (auch eine Metamorphose) nun das Knabenhafte, das Androgyne betont – eben das insgesamt phänotypische Erbteil von Vater und Mutter, das Herm-Aphroditische, das diesen schillernd

unentschlossen changierenden Niedlichkeits-Touch ins Bild bringt, wonach dem rührend hilflos Besoffenen dringend geholfen werden muss – Bacchus ist nun in meinen Augen kaum mehr als ein Gott anzusprechen, sein römisches Ergebnis ist trauriger Appell an Helfersyndrome.
Werbend heißt es in den Metamorphosen: »Hast du doch unerschöpfliche Jugend, bleibst ewig ein Knabe, oben im Himmel bist du als der Schönste angesehen.«

Im Himmel, ja.

Kleiner Versuch – Als die Römer frech geworden

Der Monitor flimmert zur Mitternacht und mit den von Durchdiensten brennenden Augen des Kindersex-Fahnders liest sich das alles schon eigenartig – und es sind doch, spricht der Schöngeist, die Metamorphosen des Ovid! Wir können es so lesen: zuletzt betont der Dichter das Strichjungenhafte des Gottes. Er tut dies besonders, wenn er ihm, dem Gottchen, die panischen Hörner, insgesamt seine bockhafte Wehrhaftigkeit nimmt und, das Begehren seines Publikums anstachelnd, sagt (sagt dies Ovid?): »Stehst du ohne Hörner da, hast du den Kopf gleich eines Mädchens!«

Poetik, Archivbilder

Der Dichter setzt stets ins Bild.
Der Dichter *betont* stets – er erzeugt den Schall, den Klaps, den Knacks im Holz, den Rausch, das Rauschen in den Wipfeln.
Der Dichter *betont* stets: das, was in der *Fantasie des Lesers* – der Wandelbarkeits-Maschine, dem Transformations-Apparat – sich

abspielen kann oder abspielen könnte. Er zieht die Mehrfachbelichtung vor, das tut er generell.
Und sofort schließt Ovid an mit einer Aufzählung bacchischer Göttertaten, einer Serialität von ausgesuchter Grausamkeit, bei der das Proteische stets den Vordergrund bildet. Und so hat sich Ezra Pound ja auch der ovidschen Dionysosgestalt genähert. Wir schauen uns das später noch an.
Der Dichter bezieht sich auf Realien.
So auch Ovid, wenn er in seiner Dichtung angibt, es habe sich – jetzt in dieser Reihenfolge – um Stimmen junger Männer und um Frauenstimmen gehandelt. Auch weiß er Näheres von den Instrumenten, die beim Bakchenumzug verwendet wurden. Ovid ist 43 v. Chr. geboren, die *Bacchanalien* wurden lange vor seiner Lebenszeit, bereits 186, vom römischen Senat verboten; unter anderem wegen öffentlicher Ruhestörung, Erregung öffentlichen Ärgernisses und allerlei anderer crimen, wie man sich wird denken können. Die Bacchanalien ? Für Ludwig Preller, Verfasser unter anderem der »Römischen Mythologie« (1858), handelt es sich dabei um »fanatischen und unsittlichen Aberglauben«, dem rechtswirksam beizukommen war. Den Kult des *thebanischen* Dionysos, den er richtigerweise mit dem der Göttinnen Semele und der Persephone verbunden sieht – die allemal dem lunatisch-nächtlichen, ja unterweltlichen Gebiet zuzuschlagen sind –, rechnet der Weimarer Oberbibliothekar den Orphikern und »andere(n) separatistischen Religionsvereinen« zu.
Verbieten! Da hat der römische Senat wieder einmal recht getan. Im mit der Zensur erfahrenen Europa Mitte des 19. Jahrhunderts ist das, und wie erst für einen Altphilologen, völlig einsehbar, und haargenau stadtstaatserhaltend notwendig – so also stünde es um die *Antikenverwaltung*?

Dichter sind mitunter Sondengänger – oft ein Euphemismus für den nachtaktiven Raubgräber. Die in den verdeckten Hinterlassenschaften der Jahrhunderte, der Jahrtausende herumstöbern.

Spiegelsysteme – und Schattenbehälter

Perseus und Hermes.
Wie bleibt der Kopf bei der Kopfjagd heil?
Perseus soll dem Blick, dem letzten Augenblick seines Opfers ausweichen.
Athene, als Auftraggeberin, die um die Gefährlichkeit eines Opfers noch im Akt seines Sterbens, vor allem noch nach dessen Tod weiß (sagen wir, um seinen Spukfaktor), gibt dem Helden Perseus den Tip mit auf den Weg, sich der Medusa, eine der drei Gorgonen-Schwestern, so zu nähern, daß er das Gesicht seines Opfers nicht von vorne – keinesfalls frontal! – zu sehen bekäme, sondern nur indirekt: in seinem blanken Schild gespiegelt.
Diese atavistische Angst aus dem Mythologem deckt sich mit Aussagen von Scharfrichtern und Henkern aus Europa und den USA des ausgehenden 20. Jahrhunderts, die alle übereinstimmend in einer TV-Dokumentation von ihrer Angst sprachen, ihren Opfern im zeitrafferischen Akt des Sterbens in die Augen sehen zu müssen: »Das letzte Bild bleibt auf der Netzhaut stehen!«, so oder ähnlich äußerten sich die Tatzeugen, die keine Augenzeugen sein wollen.
Die Waffe des Perseus, mit der das Kopfabschneiden geschieht, ist eine Sichel. Die Sichel wird aus Feuerstein hergestellt seit der neolithischen Revolution (die allein mit ihren grund- und himmelstürzenden Kalenderreformen, ja: dem weitreichenden Sturz des Mondkalenders und seines mit ihm verbundenen Götter- und Göttinnenhimmels als Menschheitseinschnitt nicht hoch genug

veranschlagt werden kann!). Seit der Bronzezeit ist die Sichel *nachschleifbar*, d.h. für den Dauereinsatz bei der Getreideernte gedacht.

Die Sichel, mit der das Gorgonenhaupt abgetrennt wird, hat Perseus von Athene geschenkt bekommen.

Hermes, nach anderer Erzählung, ist der Sichelschenker.

Hermes beschränkt sich mit der zur Kopfjagd tauglichen Gabe an Perseus (der kein Pflanzer ist!) für dieses Mal nicht auf seinen prominenten Job als kommunikationsbefördernder, Witz und Sprachschärfe pflegender Götterherold; seine bekannte Schnelligkeit, Wenigkeit und Kaltblütigkeit beibehaltend, kehrt Hermes seine darke Trickster-Seite hervor, wenn er die scharfe Waffe vermittelt – den etwas anderen Botenstoff.

Nordische Lichtregie, skaldisches Spiegelsystem:

Schilde als Lichtfänger und Lichtmultiplikatoren finden sich in der Saga, wenn dort berichtet wird, dass die Halle, in der sich die verstorbenen Helden zum Zechen treffen, mit Schilden aus Metall ausgekleidet ist, die für glänzende, mit dem Widerschein arbeitende Beleuchtung sorgen.

Bevor wir einen Blick auf die Frage werfen, ob, und wenn ja inwiefern, das Gedicht ein Spiegelsystem genannt werden kann, stellen wir die große und weitverbreitete, kulturenübergreifende Bedeutung des Spiegels fest, den er im Volksglauben besessen hat. Zwei ihrerseits ausgedehnte Untergebiete, über die man sich bei eingehend und wie immer und immer wieder anregend in Bächold-Stäublis sagenhaftem – und dabei keineswegs auf das in seinem Titel angegebene Gebiet beschränkte – *Handwörterbuch des deutschen Aberglaubens* informieren kann, sind: der Spiegel als *Zauberspiegel*; und wie er im *Spiegelzauber* in verschiedenen Weltgegenden Benutzung gefunden hat.

Daß es sich beim Spiegel von vorneherein um ein (Haus-)Gerät handelt, bei dem Vorsicht geboten scheint, macht seine Etymologie klar, die in den germanischen Sprachen übereinstimmend auf »Schattenbehälter« (Althochdeutsch) und »Schattensehen« (Altisländisch) hinausläuft. Das gotische *skuggwa* für Spiegel führt dabei direkt zum niederdeutschen Dämmerungs-Wort, dem Schummer. In außergermanischen Sprachen findet sich Verwandtschaft im lettischen, im psychischen Bereich bei der Gemütsverdunkelung, dem »traurig werden« (wobei selbstverständlich die Augen zum redensartlichen Spiegel der Seele werden können). Verwandtschaft liegt ebenfalls vor im Dunkel-Wort des Lateinischen, *obscurus*, das in heutigem Sprachgebrauch etwas als unseriös, unzuverlässig bezeichnet, mit dem kein Mensch, der auf seinen Ruf bedacht ist, zu schaffen haben möchte.
Moment mal, der Spiegel entpuppt sich hier plötzlich als ein obskurer Gegenstand?

Poetik

Es darf durchaus gesagt werden, dass die Sprachgeschichte dem Spiegel eine Art Eigenleben zuspricht; mit Veranstaltungscharakter. Bei dem der das Gerät Gebrauchende eigenes leisten muß, bei dem der Verbraucher eine Eigenleistung zu erbringen hat.
Gedicht und Spiegel.
Schummrig. Zwielichtzone.
Das trifft auch auf das Gedicht zu – vielmehr auf sein Image. Auf das Image der Sorte Dichtung, von der hier die Rede ist.
Der andere, der leere Schattenbehälter: TV.
Schummrig, in der Zwielichtzone.
Nicht: dem Tag abgewandt. Sondern: Dem Tag und der Nacht

gleichermaßen zugewandt. Welt in sich aufnehmend. Versammelnd. Wieder abstrahlend.
Schattenbehälter – Fernsehen, Webcam, deine persönliche DVD, undsofort?

Oder aber:
Schatten sehen – Gedicht lesen.

Schamanismus

Nehmen wir noch weitere Geländebegehungen im »griechischen« Mythos des Dionysos vor, so erfahren wir, dass Dionysos, das neugeborene Kind, von den Titanen in Stücke zerrissen wird – eine nicht besonders ohrenfreundliche Geräuschkulisse, die dabei entstehen mag, ist es doch das Fleisch selbst, das im Loslösungsmoment zu quatschen beginnt. Wieder heil zusammengesetzt wird das Kind von seiner Großmutter. Hierbei, bei diesem allzu bekannten Plot, fällt es nicht schwer, Anhaltspunkte zu erkennen, wie sie für die zahlreichsten Ethnien festgestellt worden sind, die mit Schamanismus und seinen vielgestaltig-vielgliedrigen Initiationsriten in Verbindung gebracht worden sind. Wobei das Heilen, das Zusammensetzen durch die Großmutter (man beachte den Generationensprung!) als Wissensvermittlung und -weitergabe von einer alten auf eine folgend erbende Generation gelesen werden kann – letztlich auch eine Spielart von neolithischer Revolution.
Darüber hinaus stößt man im Dionysos-Mythos auf weitere Ingredienzien des Schamanismus, so auf das »unentschiedene«, das »kranke« Geschlecht des Knaben Dionysos, der (in meinen Augen) das Glück hat, von Frauen als Mädchen erzogen zu werden.

Poetik

Disiectio membrorum: die schamanistische Gliederverstreuung.
Eben auch: Die Wortauswerfung.
Sowie: die Wort*ver*werfung.
Die unausgesetzten, immer zu wiederholenden Arbeitsvorgänge: die des Wortaufklaubens, nicht: Worteklaubens; die des Wortemachens, ja. Bei Bedarf Anwerfen des Neologismus-Maschinchens.
Die Annäherung auf die Bündelung.
Das Zurechtlegen – nach dem gewünschten Vor-Bild.
Bei diesen Arbeitsvorgängen: darf gesprochen werden; vorsichtige Benutzung der gesprochenen, der Privatsprache, in der man den Text anspricht, ihn einspricht (*Kopfstudio*), in dem man den Text, sein Gedicht, anranzt, es anmacht, anfeuert. Dazu gehört des weiteren, daß man Zeilen schweren Herzens wieder feuert, daß man sogenannte »schöne Stellen«, die nur leider in gerade diesem Text nichts verloren haben, wieder opfern muß.
Man macht es an, sein Gedicht, man macht es ungeheuer an. Und es wiederum macht DICH an – und *wie* es DICH anmacht. Im Sinne eines Geschmeidigmachens:
Dichten – Schinden – Gerben.
So wäre das Dichten ein Vorgang vergleichbar vielleicht mit Arbeitsabläufen des alten Lederverarbeitungsgewerbes? Ich meine das seine ätzenden Eichenlohe-Scharfgerüche zum Himmel sendende Gerberhandwerk; das mörderisch geruchsintensive Geschäft einer einst an den Rand des mittelalterlich städtischen Gemeinlebens geblendeten Zunft, die den Werkstoff, das Leder, letztlich bändigte, weichkochte, geschmeidig, tragbar machte.
Die gesprochene, hin auf die Einzelteile gesprochene Schrift.
Die Schrift – Die Heilung.

Das Zerreißen und das Wieder-Zusammensetzen der Einzelglieder – Das Schreiben.
Das unausgesetzte, das naturgemäß vollständige Ausgesetztsein im Schreiben, mit der, und – haargenau – *in* der Schrift.
Das ist es. Das ist das sehr alte Schreiben. Das ist sie: die alte Schrift. Die sehr alte Schrift – geschrieben unterm Machandelboom. An dem, schweigst du nun und schreibst du nun, vernehmbar die Juliwespe sägt.

Bakchische Epiphanien II
Zur Borchardtschen Antikenverwaltung

Der Dichter Rudolf Borchardt nähert sich seiner Antike, wie überhaupt seinen Themen, gerne mit dem Brecheisen – hier: den *Bacchischen Epiphanien*. So einfühlsam er das orientalistische Interieur seines zoologischen Hirngartens in der ersten, der Jugendstil-Fassung, mit all seinen Greifen und Sphinxen, Panthern, Hirschen und Löwen à la frühem George bestückt, es gleichsam in langsamen, gemächlich zu nennenden Kamerafahrten abtastet, so berechnend-ingenieurhaft gibt er sich in der Folge, nach gekonntem Crescendo, seiner Bakchenraserei hin – einer sprachzerstückelnden Bakchenraserei, die im zwanzigsten Jahrhundert ihresgleichen nicht hat –, und er verwischt seine Reißbrettspuren so perfekt, daß man ihm ohne weiteres sein wilhelminisches Ausflippen abnimmt, denn ein solches ist es zweifelsfrei. Großes Kino! ist man gewillt zu sagen, wirklich großes Kino.

Gewiß, da ist zunächst der Jugendstil mit seiner nah am Statischen angesiedelten Slowmotion, dem immer etwas geleehaften Ornament, dem leicht Eingeeisten (George!). Borchardt behält das alles auch bei in der Endfassung aus dem Titanic-Untergangsjahr 1912, es dient ihm, so meint man, als Anlauf, als Sprungbrett zu einem Solo, einem *Sprechsolo* – und man fragt sich, an was, an wen hat der Dichter da gedacht, an was für einen Bühnenstar, dies zu sprechen? An Josef Kainz, den unbestritten Größten vor dem Ersten Weltkrieg? Hat er Klaus Kinski vorausgewußt?

Natürlich an sich hat er gedacht, der Herr Dichter.

Über Borchardts Rede-Genialität, über seine Dauerrednerei Gästen gegenüber, über seine Rezitations-Schnauze ist viel geschrieben worden. Nicht zuletzt Hofmannsthal fürchtete die lyrischen

Textaufsage-Attacken des hochgebildeten Piefke mit dem Hautgoût des Nicht-Aristokraten und dem Talent zum ausdauernden Nervensägen. In ihrer hübschen, demontagefrohen Gemeinheit berühmt ist Hofmannsthals typisch wienerische Schilderung der polyglotten borchardtschen Heim-Rezitationen, die wahren Zwangsvorstellungen (Karl Valentin) geglichen haben müssen, über die der Altösterreicher – hier: als Abrißunternehmer – hauptsächlich eines meinte äußern zu müssen: »Er brüllt.« Ja, und tja – der Peinlichkeitsfaktor Borchardts scheint ein ziemlich hoher gewesen zu sein; dem aber der hofmannsthalsche Gehässigkeitsfaktor in nichts nachgestanden zu haben scheint …

Bakchische Epiphanien III

Wie sieht die Borchardtsche Antikenverwaltung aus?
Der Dichter, auch als Übersetzer – ja, gerade als Nachdichter auch! – ist auf Deckungsgleichheit aus – und zur Mimikry reicht es. Annäherung, Ahnung, Nachdichten im Sinne von Hinterher-Dichten, also Hinterherhechten reicht ihm nicht. Damit gibt der wahre Dichter sich nicht ab. Darum geht es Borchardt:

Wie ein tiefstes Sich Erinnern
An das Tobende von Flöten,
Wut von Pauken, Rausch von Fluten,
In sich finden bei dem tiefsten
Erbe allen Bluts –
Bacchische Epiphanie

Es muß schon Tiefstes sein bei einem deutschen Dichter. Das muß schon gleich – auf gut goetheanisch, im Sinne des schützenswerten Weltliteraturerbes: »der Antike« – zweimal betont werden. Daß schon zu Weimar, hundert Jahre vor ihm, die Recylingmaschinchen emsig geschnurrt haben, blendet er weg.
Es ist wohl so, wie jüngst erkannt worden ist, daß beide, George und Borchardt, sein manischer Hasser, »die Rolle der Poesie überschätzt« haben (Ernst Osterkamp). Was traurig ist. Was von grotesker Welt- und Geschichtsverkennung zeugt. Und das geht auf Borchardts Kappe, der, gebildet wie er war, es besser hätte wissen können.

Wirtschaft zur Traube, Bingen-Büdesheim.
George wollte ja gar nichts wissen, akademische Bildung war ihm ein Abscheu; Verachtung hatte er dafür übrig – und war damit weiter als der mit seiner Assimilierung beschäftigte, wenn nicht teils von ihrem Geschäft belegte Borchardt. Was wollte George? *Wissen* wollte er – Bescheidwissen wie jeder Duodezfürst über seinen Hofstaat. Und ungestört, wenn auch gefürchtet sein gewaltiges Öhrchen des Polykrates weit ins Dichter-All ausfahren.
Da hilft es auch nicht, daß es eine eher gestümperte Atelieraufnahme von einem Borchardt mittleren Alters gibt, auf der er sehr ungünstig rüberkommt: mit nachteilig geweiteten Nüstern und einem kalkig, geradezu quarkig angeleuchteten Ohr, als hätte sich die Beleuchtung von Fritz Langs Dr. Mabuse geirrt. Schauerlich. So konnte Rudolf Borchardt einem George gegenüber unmöglich punkten.
stefan george hatte schließlich alle hände voll tun, sein image zu warten; überwachung des nächsten publicity-shots; rausschmiß, wenn nicht pulverisierung, unbotmäßiger, nichtzügelbarer, bekanntermaßen auch aus seinem staff…
Man verliert das leicht aus dem Auge, daß George ein Bodenständiger gewesen ist, Gastwirtssohn aus Bingen – *Achtung: Dionysos!* – und als solcher über eine Geheimwaffe verfügte, die er nicht zögerte gegen seine Gegner einzusetzen: seine Street Speech, sein rheinhessischer Slang – *Achtung: Dionysos Bromios!*
Ich zitiere eine Georgesche Voll-Abfertigung, mit der er einem Fanlein Bescheid gab, das sich als Liebhaber von Borchardts Elegien outete. Todsünde! Du sollst keine anderen Götter! Der Meister, im Farbwechsel (und für sich): »Mooomentche mol!, Der erfrecht

sich …? Augenblickche – ebbe durchgelade, sso – fasten seat belts, folks!« Dies mag der Meister bei sich gedacht haben, um sogleich, und extrem timingsicher, davon darf man ausgehen, dies zu replizieren: »Das ist eine Personnage, so schmierig, wenn man sie täte an die Wand werfen, würde sie pappen bleiben.«

Das hat er so natürlich nie gesagt.
Das stinkt ab.
Riecht streng nach ranzigem Georgekreis.
Ist Fake und ausgemachter Anekdotenschwurbel mit Baskenmütze obendrauf.

Man vergegenwärtige sich: Das ist die schriftliche, man könnte auch sagen, die schriftdeutsche Fassung, und die liest sich noch einigermaßen manierlich; und natürlich wurde der vom 63jährigen Dichter gemachte Spruch durch die Erinnerung gefälscht und für den die Hagiographie stützenden Druck satzbautechisch aufgehübscht. In Wirklichkeit hat der Meister (ich muß es wissen) ja ganz anders zugeschlagen. Schriftlich – ein netter Wirkungstreffer, mündlich – der Knockout.
An-die-Wand-pappen: Abgesehen davon, daß ich ziemlich sicher bin, daß George »schmeiße«, ohne Endungs-n, statt »werfen« gesagt hat, was erstens besser zur Heimatregion des Dichters paßt und zweitens besser pappt, hat George in vorliegendem Fall eine blitzende rhetorische Volte hingelegt. Zum einen, indem er (Er!) eine rheinhessische Redewendung benutzt, wie sie in der unteren Klasse Verwendung findet; zum anderen handelt es sich um eine Redensart, die eigentlich auf *Personen* bezogen gebraucht wird und die er auf *Sachen* überträgt (hier: seiner Ansicht nach bis zur Klebrigkeit schlechte Gedichte eines Möchtegernkonkurrenten).

Und: es handelt sich im Ursprung um eine alte Verwünschung, wenn Stefan George meint: »Ich könnt 'n an de Wand babbe!« Wo das Zeug hingehört. So. Da hängt das Abbild dann, leblos, erledigt. Damit ist auch wieder sonnenklar, wer der Chef im Ring ist – Binger Voodoo.
Das sind schon Unterschiede!
George hatte Humor – was für einen, ist ja gleich.

Der arme Rudolf Borchardt aber hatte eben keinen.

Bakchische Epiphanien IV

Gut, Borchardt verstand es immer bestens, Vollgas zu geben, bei der Endfassung seiner Bacchen ging er auf Langstrecke: 38 volle Strophen.

Die zweite Fassung war dem Dichter, wie einer Briefäußerung aus dem Jahre 1906 zu entnehmen ist, »nicht mehr der träumerische Ausbruch von damals.« (Damals – das war ein oder zwei Jahre her ...). Borchardt hat sein Hirsch- und Hirngehege inzwischen umgerüstet und geht davon aus, daß die neue, die *pisanische* Fassung, »*ein wirkliches Weltbild* geworden ist«. Auf jeden Fall hat er seine überarbeitete und erweiterte Epiphanie mit einem Euripides-Motto versehen, selbstverständlich altgriechisch, das er allerdings vor der Drucklegung nicht mehr gegengecheckt hat, denn die Herausgeber der Werke Borchardts entdeckten (und berichtigten) darin einen Grammatikfehler, der sicherlich jemandem schlecht ansteht, der – letztlich mit sich selber schwer geschlagen – weltmännisch die Oberbescheidwisser-Attitüde spazierenführte, jederzeit bereit, als blankziehendes Rumpelstilzchen zu platzen; insonderheit, wenn es um Paladindienste für den Herrn von Hofmannsthal und gegen George zu tun war.

Daß wiederum im Gegenzug Hugo von Hofmannsthal, als eine Art Erziehungsberechtigter Borchardts, bei Schriftleiter Willy Haas von der »Literarischen Welt« als Beschwerdebriefschreiber vorstellig wurde, weil ein unbotmäßiges Erstsemester sich in diesem Blatt frech über eine Kurzvisite bei Borchardt in Italien verbreiten durfte, das war eine Homestory, die wenig dessen Ruhm dienlich war, da Borchardt vorgeführt wurde als Dauerredner, der mit seinen ollen Kamellen – zuvörderst seine geniale Dante-Übersetzung, des weiteren das hohe Lob der deutschen Universität als des Weltgeists funkensprühende Feueresse; wobei der Praeceptor Germaniae im Land-wo-die-Zitronen-blühen, seine Endlosausführungen garnierend, noch reichlich rechte Sprüche geklopft haben dürfte. Gerade mit seinen klügelnd werbenden Slogans zugunsten der Uni war Borchardt höchst unentspannt seinen jungen Besuchern auf die Nüsse gegangen, die es alma-mater-mäßig besser wissen mussten. Einer hat dann für die Presse seine Eindrücke von der poetischen Marathonsitzung aufnotiert, ohne ein Blatt vor den Mund zu nehmen – Majestätsbeleidigung!, hieß es gleich in Wien und Villa. Es kommt zu diesem peinlichen – natürlich für beide, Hofmannsthal und Borchardt peinlichen – Leserbrief, bei dem ein Publikum, das noch alle Tassen im Schrank hatte und nicht auf die Weimarer Republik in toto schiß, sich zum wenigsten am Kopf gekratzt haben dürfte.

Das war in den zwanziger Jahren.

Das war der Rudolf Borchardt, den Karl-Heinz Bohrer in seiner Abrechnung mit der Postmoderne einem »spirituellen Konservativismus« zurechnet – kyffhäuserisch, ironiefrei und von totalitären Strukturen nicht weniger geprägt als der von ihm bekämpfte George samt seinem männerbündlerischen Kreis.

Vor dem Ersten Weltkrieg schrieb Borchardt mit der Endfassung seiner *Bacchischen Epiphanie* ein Hauptwerk der hermetischen Poesie in deutscher Sprache. Das, selbst keineswegs auf »neue« Techniken des Expressionismus verzichtend, unter der expressionistischen Konfektionsware dieser Jahre als, in verschiedener Hinsicht, ungewöhnliches Stück Dichtung sehr auffällt. Man muß hinzufügen: heute sehr auffällt. Denn zu Borchardts Lebzeiten war es doch eine sehr übersichtliche Lesegesellschaft, die wahrnahm, was dieser Mensch als Dichter zu leisten imstande war. Eine Breitenwirkung, im Sinne Georges, erzielte der Sprunghafte nie. Konnte er auch nicht. Kein Sitzfleisch! Aus der Lameng skizzierte er in seinen Briefen mal eben ein neues Konzept, übte er wie sein konservativer Gesinnungsfreund Rudolf Alexander Schröder (den er preziös immer mit Schroeder anschreibt) Übersetzungskritik; alles höchst interessant, vieles heute noch anregend – nur zu wenig! Während sein Erzfeind George seine Bücher konzeptuell durchzukonzipieren die Nerven hatte, blieb bei Borchardt allzuviel liegen. Blieb Stückwerk, glimmender Entwurf. So daß auch ihm Gewogene, wie (der nahezu vergessene) Essayist Franz Blei in seinem unwiderstehlich-vergnüglichen *Bestiarium literaricum* über Borchardt, den »Edelfasan« allein, und dies ein wenig ratlos, sagen konnte:

»... diejenigen, die sich genauer mit dem Gesang des Borchardts befaßt haben, sprechen, er habe eine ihm durchaus eigene edle Melodie, nur singe er viel zu selten als daß man sie sich merken könne.«

Blei war es auch, der in seiner Bibliographie-Satire, den »Quellenschriften«, die dem *Bestiarium* angehängt sind, auf die Abhängigkeit des Lyrikers von Swinburne hinweist; dem Engländer, den wiederum George verdeutscht hat.
Ein weiterer Karrierebehinderungsgrund liegt sicherlich begründet in Borchardts ebenso verschraubten wie notorisch hochfahrenden Umgangsformen, die seine Korrespondenz beispielsweise mit Zeitschriften, denen er Arbeiten von sich anbot, nicht befördert haben dürfte. So schreibt er 1913 – zur Erinnerung: in diesem Jahr begründete sich die »Jugendbewegung«, die schon dabei war, laut klampfend und auf gute Manieren eher pfeifend über Stock und Stein zu wandern: der Deutsche in der Landschaft –, so meinte der Dichter seine *Bacchische Epiphanie* an den Mann bringen zu sollen,

indem er die Redaktion der *Weissen Blätter* mit »Ew Hochwolgeboren« meinte anreden zu müssen. Die werden sich schwer bedankt haben, zumal der Dichter, quengelig und drängelnd, auf diese Weise die Augenbrauen hochzog, um sich nach dem Verbleib seines Textes zu erkundigen: »Eine bezügliche telegraphische Anfrage an Sie ist zu meinem Erstaunen unbeantwortet geblieben.«
Liebe *Weisse Blätter*! Sie haben noch mal Glück gehabt, dass es zu Ihren Zeiten kein Mail gegeben hat – Sie wären mit dem Fingerchen vom Lösch-Button gar nicht mehr runtergekommen.

Nachsatz über Ortega und Góngora, über Carson und Sappho
Ortega y Gasset hält 1927 in seinem berühmten Góngora-Essay, in dem überhaupt Beherzigenswertes zur Poetik steht, fest: »Irrig zu glauben, Dichtung sei Natürlichkeit: das war sie noch nie, seit sie Dichtung ist«, um hinzuzufügen: » Die antike, die klassische, war viel weniger natürlich als die unsere.« Er zieht Homer und Pindar für seine These als hochkarätige Kronzeugen heran, die sich »einer konventionellen Sprache« bedienen, »die von niemandem gesprochen wird.« Zusammen mit der Sprache ist es ihr Thema, welches das Nicht-Natürliche der antiken Dichtung unterstreicht, die Mythologie, »die schon ihrem Begriff nach einen übernatürlichen Stoff darstellt.«

Mythos heißt einfach nur: *Wort.*
Eine Mythologin ist nichts weiter als eine *Worterforscherin.*

Sehen wir uns heute die hochartifiziellen, und wie auch einmal zugegeben werden darf: hübsch verquälten, Übersetzungen Rudolf Borchardts an, seine Übertragungen antiker Autorinnen wie der Sappho – deren Fragment-Übersetzungen im anglo-kanadischen, glückhaft ins gewichtige Leichte gewendet, auf lange Zeit nicht getoppt werden können: dank der ebenso grandiosen wie kaum nachahmbar subtilen Anne Carson!

Betrachten wir – so finden wir Ortegas Satz von der Nicht-Natürlichkeit der Dichtung bestätigt; bestätigt durch die geradezu verbockte Wiedergewinnungsstrategie eines preußischen Hermetikers – eines Hermetikers wider Willen. Der vielleicht doch lieber ein *corpus inhermeticum* abgeliefert hatte, als sein Lebenswerk, und etwas weniger gralshüterisch-danteske Antikenverwaltung. Borchardt, der mit der Moderne wenn schon nicht auf Kriegsfuß, so gewiß auf Duzfuß nicht stand. Höchst enttäuschend und darüber hinaus schwierig, aus Borchardt einen Dichter und Übersetzer aus dem Geist der literarischen Moderne zu konstruieren! Symptomatisch nur dies: Er erwähnt gerade ein einziges Mal Stéphane Mallarmé in seinen umfangreichen Briefwechseln, als boudoirschwülen-jugendstilig schwitzpelzigen Autor des nachmittäglichen Faun. Mallarmé – hier eher Basler Böcklin-Beiz als Pariser Absinth-Szene, was halt wohl eher als pfühlweiche Anmache für die eigene Gattin gedacht war denn als Entwurf und schwanweißer Aufschwung zu einer Gründungsurkunde der Hochmoderne – nein, Borchardt wollte lieber nicht.

Dieses Phänomen findet sich gleichermaßen in seiner *Bacchischen Epiphanie*, wo er hauptsächlich zur Erscheinung bringt – Sprache. Ich bin mir nicht sicher, ob das nun seine Absicht gewesen ist. Es ändert nichts an meinem Befund: Borchardt ist gerade in seinen Bakchen ein Sprachmacher – ein außergewöhnlicher Sprachmacher.

Spielt man die biographistische Karte, so ist schnell klar, an kaum einem Dichter der deutschen Sprache aus den letzten hundert Jah-

ren kann man sich so hochziehen wie an Borchardt. (Die Ausnahme auch hier: George.) Kein anderer Dichter ist in diesen vergangenen Jahren so instrumentalisierbar geworden.
Wie ist es zu verstehen, daß der Verfasser der *Bacchischen Epiphanie* sich in seiner schwulenhasserischen Spätschrift, der historisch – in Ansätzen – diskutablen, vor allem aber auffallend widerlichen *Aufzeichnung Stefan George betreffend* unter anderem auch gegen die poetische Geheimschrift ausspricht, die der junge George erfunden hat? Das Selbstverbrennerische, das Borchardt seit jeher eigen ist, kommt hier zu einem traurigen Höhepunkt. Und man entsinnt sich, dass der Dichter keine Schwierigkeiten hat, einen Mäzen brieflich Dritten gegenüber auch schon mal als »reichen Judenjungen« zu bezeichnen. Oder: der Dichter als Ahnenpaß-Frisierer, wenn er gegenüber dem völkischen Germanisten Joseph Nadler die jüdisch-italienische Abstammung seines Freundes Hugo von Hofmannsthal meint wegdiskutieren zu müssen.

Ist dieses Bild zu abwegig? Ist es ein zu grelles Tableau?

Wir sehen die Herren Ezra Pound und Rudolf Borchardt, wie sie sich in amerikanischer Kriegsgefangenschaft kennenlernen. Zwei PoW. Und das alteuropäische Zwiegespräch der eingebauerten Poeten findet von Käfig zu Käfig statt.

H. D. und Ezra Pound in der feuchten Baumkrone Neuenglands
Wenn Pound sich am Bakchenthema, wenn er sich an Dionysos zu schaffen macht (sagen wir in: *Cantos* 2 und 79), kann man sicher sein, daß der Amerikaner sich die Gelegenheit nicht entgehen läßt, ein Feuerwerk an quick wechselnder Maskeninszenierung aufzubieten, um des weiteren bemüht zu sein, es an wüstem Larven-

schütteln und unchristlichem Kettenrasseln nicht fehlen zu lassen, auf daß die *canzone* eine reich tönende sei, wiewohl von getanzter, gestampfter Kriegserklärung kaum zu unterscheiden. Überhaupt ist Das-Pound-Gedicht ja für den älteren, den Reichsverweser der Psychiatrie, ein wahres Trill- und Ausflipphäuschen, ein hochelaboriertes Bambule-Räumlein, ganz hoch droben, in Wipfelnähe – Ezras Glücksfall. In Nähe der Baumkrone, wo zwei Ostküsten-Teenager, wo H. D. und Ezra ... Wo er nun, Jahrzehnte nach Verjährung, erst recht alles, erst mal, herausholen kann. Aber ganz: ungeniert; rassistisch; antisemitisch – ganz Freistil, ganz widerlich unsoziabel. Im Klapsen-Baumhaus: Der Dichter – der kaltgestellte Weltliterat und sportive Spuk der geschlossenen Abteilung – in Dauergastrolle besetzt als federnder Kassenwart vom Ku-Klux-Klan. (Vom jungen Peter Demetz gibt es eine eher abgelegene, für voyeuristisch spinksende »Poundkenner« publizierte Besucherreportage – schweißtreibend, man braucht schon bessere Nerven, um diesen menschlichen Schmand an Lakaien aushalten zu können, mit dem Ezra Pound sich in diesem US-amerikanischen Mental Health Hospital meinte umgeben zu müssen – ohauerha.)

Nach Lektüre Poundgedicht: Wie ist der eigentlich drauf gewesen? Was das jetzt wieder für eine wilde, so sehr alteuropäische wilde Jagd gewesen sein mag?
Eben die Antwort lautet öfters –

Poundgedichte
Wie oft – und wie – wird der Leser, die Leserin auf Hochbewegungen mitgenommen, ja emporgerissen, aus dem Stand, auf Hochseebewegungen entführt im Sinne von rasanten speedigen Segeltörns, die eher mit den wüsteren Seegängen vor New Englands

Küsten oder mit *Fastnet Race* zu tun haben als mit der eher weinfarben gesänftigten, Lorke gefälligen hellenischen Agäis (jaja, der ihr Boden – geschenkt – liegt ooch wrackvoll.)
Poundgedichte: die vom Dichter als *corpus inhermeticum* implantiert werden. Und obendrein und -drauf: mit Heinrich Faust ZWEI verwandter Leichtigkeit werden proteische Boshaftigkeiten eingespritzt. Das Leser- und Texthelferlein zieht sich mit letzten homunkulischen Kräftchen am Reagenzglasrand hoch, lispelt sein: »Bedeutend!«, um sich, umgemäht und entsaftet von Ezras klassischen Walpurgisnacht-Manövern, in trägem Pendeln wieder zu Boden sinken zu lassen – glücklich, heil aus der Schlußzeile, der poundschen Ziel(?)gerade, dem oftmals wie abbrennenden Endvers wieder herausgefunden zu haben.
Séla.

Der alte Benn und die russischen Gesänge an der Putna
Interessant, dass Dr. Benn, von seinem Wiesbadener Verlag als Zugpferd gechartert, um eine Expressionismus-Anthologie bevorwortend anzuschieben, jede Menge lacherhaftester Spreizschritte unternimmt, um bloß nicht mit dem Expressionismus, diesem so fatal vernutzten Avantgarde-Label, in Zusammenhang gebracht zu werden. Nietzsche – ja. Menschheitsrettung à la Kurt Pinthus – nö. Dies das oft ein Leben lang unumstößliche Gesetz vieler aus der Benn-und-Ball-Generation – ganz klar: »unser Hintergrund war Nietzsche« (Benn).
Dem Alt-Nietzscheaner fällt, natürlich, noch etwas ein. Indem der alte Benn »den alten Goethe« evoziert – ja, beinahe eine Incantatio vornimmt; sich der Brandenburger flugs noch nach Weimar retten mag und, indem er gleich auf Faust II rekurriert, nichts weniger als aufs Ganze gehen möchte, einmal noch – so befindet Gottfried

Benn sich, literarhistorisch – und es scheint fast, als ob der Dichter es hierauf angelegt hat – auf der vermeintlich absolut sicheren Seite. Zumindest für das Jahr 1955.
1957 wird Mircea Eliades Schamanismus-Standardwerk erscheinen, das schon im Titel von archaischen Ekstasetechniken spricht. Diese epochemachende Studie hat der Dichterarzt nicht mehr wahrnehmen können, er starb im Jahr zuvor. In dem Limes-Statement aber hatte der Dichter einmal noch ausgeholt – weit ausgeholt – Stichwort: wo er, um »uraltes Glückbegegnen« zu beschwören, für seine Verhältnisse relativ klare Worte fand – als nun gewissermaßen mit einem Schlag zum Priesterarzt gehäuteter Dermatologe!
Stehenden Fußes: Die Ehrenrettung des rauschhaften Anteils an Leben und Dichten serviert ein überraschenderweise ethnologisch argumentierender Gottfried Benn. Und er wirft sich da, leidenschaftlich eine junge Leserschaft fixierend (mit der er zu diesem Zeitpunkt ja wieder rechnen darf), voll ins Zeug. Dabei bleibt naturgemäß nicht aus, daß der Moment nicht einer gewissen Rührung, der Sentimentalität sogar entbehrt. Das bleibt nicht aus, es ist ein klassischer »Jakobs Segen«: der Großvater versammelt seine kritzelnden Enkel um seine Knie. Und dies gibt er ihnen mit auf den Wirtschaftswunder-Weg. Stichwort »Steigerung des Produktiven«: »Die Methode dies zu erleben, sich dieses Besitzes zu vergewissern, war ... *Ekstase,* eine bestimmte Art von innerem Rausch.«

Und weiter: »Aber Ekstasen sind *ethnologisch* gesehen nicht anrüchig, Dionysos kam in das nüchterne Volk der Hirten ...«
Wobei wir nicht wissen, ob diese bukolischen Cowboys tatsächlich so nüchtern gewesen sind: »Vor dem Angriff doppelte Rumration« – hieß es nicht einst beim jungen Kriegsarzt so? Und war es nicht mein Großvater, auch er Jahrgang 1886, der als knapp Neunzig-

jähriger, nachts im Halbschlaf, auf mnemosynischen Schlachtfeldern die Russen singen hörte, bei ihren Wachtfeuern in Rumänien 1916:

»Vor dem Angriff doppelte Rumration.«

»So können wir jetzt ... uns in folgender Weise den Lyriker erklären«. Herr Nietzsche versucht was.

»Die Geburt der Tragödie« mit ihrer berühmt-fatalen Kategorisierung in dionysisch und apollinisch ist nichts weiter als die Entmündigung des lyrischen Dichters zum rein inhaltsfrei »berauschten Schwärmer«. Nietzsche postuliert den von ihm noch so hellenischnett genannten »lyrischer Genius«: Er fordert ihn als Musikbox. Das ist hauptsächlich die Ästhetiklektüre in Sachen Nietzsche, von der die Generation Benn (Text) und Ball (Performativität) über Jahrzehnte, das erste Drittel bis in die erste Hälfte des 20. Jahrhunderts, sich infiziert gezeigt hat.

Man fragt sich: Wie konnten sich diese Intellektuellen solches an leichenblaß-vorgeblich heiterem, dabei doch spürbar aufgehübschten Olympiertum aufgeigen lassen; man fragt sich das, liest man solches an Krauserminze, wirklich ernsthaft. In »Geburt«, Kap. 5 steht: »Wenn Archilochos, der erste Lyriker der Griechen, seine rasende Liebe und zugleich seine Verachtung den Töchtern des Lykambes kundgibt, so ist es nicht seine Leidenschaft, die vor uns in orgiastischem Taumel tanzt: wir sehen Dionysus und die Mänaden, wir sehen den berauschten Schwärmer Archilochos zum Schlafe niedergesunken – wie ihn uns Euripides in den Bacchen beschreibt.« Darauf dekretiert Nietzsche noch, daß es sich nun um den Dichter Archilochos schon gar nicht mehr handele – der sei vielmehr zu diesem Zeitpunkt der Komplettberauschung und Vollekstase bereits: »Weltgenius« und muß den »Urschmerz« aussprechen, was selbstverständlich nur »symbolisch« geht – der Dichter als orphischer Pflegefall, der sehr alte Refrain. Und so etwas hat Friedrich Nietzsche, der ja selbst doch immerhin ein gutes, das Venedig-Gedicht geschrieben hat, allen Ernstes vor seinem hübsch geweißelten grenzdebilen Teletubby-Olymp mit dem Brustton der Überzeugung kundtun können? Man sieht, damit hatte der Mann keine Schwierigkeiten.

Wir aber dürfen aufseufzen! Wie weit ist diese baiserhaft-artifizielle Hellas-Mittelerde weg von uns! Den Göttern sei Dank!

Noch einmal.

Das Inbild des willenlosen, semantikfreien Dichters als stammelnder Balbulator fordert demonstrativ schon der Basler Jungprofessor aus den frühen 1870er Jahren. Er, der als Zwangscharakter ungern weder Warnen und Schocken noch Selbstentmündigung und Autoflagellation ausläßt. Wie noch ein Beispiel aus dem »Willen zur Macht«, kurz vor Toresschluß gewissermaßen, zeigen mag: »Apollinisch – dionysisch. – Es gibt zwei Zustände, in denen die Kunst selbst wie eine Naturgewalt im Menschen auftritt, über ihn verfügend, ob er will oder nicht: einmal als Zwang zur Vision, andererseits als Zwang zum Orgiasmus.«

Zwang, Zwang. Obendrein sind beide Zustände auch im normalen Leben, das schon zur Zeit der »Geburt der Tragödie« von Sexualnöten und Geschlechterbedrohung umstellt ist, natürlich – »vorgespielt«. Nur »schwächer« eben: im Traum und im Rausch. Um so schlimmer, offenbar noch auf dem Katheder bedrohlich, der als ostentativ begriffene Sexualcharakter der verschiedenen Bacchanalien – »gerade die wildesten Bestien der Natur wurden hier entfesselt, bis zu jener abscheulichen Mischung von Wollust und Grausamkeit, die mir immer als der eigentliche ›Hexentrank‹ erschienen ist.» (Geburt, Kap. 2)

Was für eine mickrige, trostlose, sich selbst so gar nichts zutrauende, sich selbst nicht trauender Begriff von Ekstase – Herr Nietzsche versucht was.

Herodot

Ein großer Verschweiger unter den Geschichtsschreibern und Ethnologen ist Herodot. Und Unterstützung in Informationsunterdrückung fand und findet er bei zahlreichen seiner Kommentatoren. Man wundert sich ein ums andere Mal, was Herodot-Lesern nicht alles zugemutet werden soll. Oft genug stellt sich dann dieses blöde Gefühl ein, das sich jedes Mal breitmacht, fühlt man sich man wieder fußnotenmäßig genasführt, da – keine Ausnahme! – nicht ernstgenommen oder auf ganz und gar irrelevante, lächerliche Pfade geleitet. Man hat den Eindruck bei Herodot, einer Berufskrankheit der Historiker beizuwohnen: das Nichtinteressante, das Geröll, die tauben Nüsse werden die Prachtalleen der Histoire, dann der Posthistoire, entlanggerollert, mit Verve werden sie *nichttransportiert* und *nichtbereitgehalten,* noch nicht einmal in den staubigen Gräberfeldern, die den Fußnoten reserviert sind; allzu oft wird außen vor gelassen, was an vermeintlich Unseriösem, an vorgeblich beziehungsweise noch Nichtgesichertem, vor allem: was an *Nicht-Sicherungswürdigem* von vorneherein als hanebüchennichtdiskurswürdig gilt.

Ein Beispiel nur: Besonders darauf verlassen kann man sich, daß abgewiegelt werden wird, wendet sich notgedrungen das Thema kultischen Drogen zu. Dann wird der Leser gewiß mit einem »alten Abschreibfehler« sediert, oder alles wird, schwuppdiwupp, zu einem »Mißverständnis« runtererklärt – wie im Fall der nomadisierenden Budiner, Anrainern der Skythen in der Dnjepr-Region, die sich durch den Verzehr von Fichtenzapfen auszeichneten. So

Herodot. Der Herodot-Kommentar rügt: Mißverstandenes Wort! Nach Nestroy hat also der Leser zu glauben: es is alles ned wahr! Nun erinnert man sich glücklicherweise sofort an den verdienten Alteuropa-Kenner Ranke-Graves, der in »White Goddess«, *der* Mythen-Materialsammlung der Dritten Art (habilitierte Tyroler Schelmchen, die Böses dabei denken), doch eine beeindruckende Drogenliste Revue passieren läßt, die von Getränken wie dem stark berauschenden altenglischen Efeubier bis zu dem Kulttrank der Bassariden geht, in dem er *spruce ale* = Tannenbier meint erkennen zu können. Genauer: *Pechtannenbier*, gebraut mit den starken Harzen der Pechtanne, verstärkt noch mit Efeu, das auch sonst gerne gekaut wurde. Derselbe Efeu, mit dem ja die Bakchen ihren ausladenden Ritualstecken, den Thyrsos, bekränzten.

Und überhaupt erinnern wir uns wieder und noch einmal an das Fest des tannengeborenen Dionysos. Auch ist es genau dieser Nadelbaum, der bei den Bakchen die zentrale Rolle bei der Zurichtung ihres Menschenopfers spielt. Aus ihrem Wipfel, die Sühne zu vollziehen, müssen den Frevler, ist er erst entdeckt, die Frauen nur noch abpflücken:

»Auf hohem Baum, von ihrem Eifer unerreicht,
saß hoch der Arme, ohne Hilfe ohne Rat (...)
Beginnt Agaue: ›Stellet euch im Kreis umher
Und faßt den Stamm, Mainaden, daß wir dieses Wild,
Das auf den Baum stieg, fangen, und des Gottes Weihn
Er nicht verrate.‹ Tausend Hände faßten zu,
und aus dem Grunde rissen sie den Tannenbaum.«
Euripides, Bakchen

Hierbei fällt die Wortwahl der Bakchen, fällt die wohl des Theaterdichters auf: es wird vom in der Falle sitzenden menschlichen Mitwisser als »Wild« gesprochen. Geht es nun einmal um die Bestrafung des Gottesbeleidigers, so zeigt ein zweiter Zweck sich recht unverstellt; der Mann wird ohne Federlesens als Fleischspeicher, als Nahrungsmittelreservoir angesehen, er ist Wild, Beute der vielköpfigen Jagdgemeinschaft der feiernden – und eben jagenden – Frauen. Was deutlich an die pejorative Einschätzung des Gegners in archaischen Kopfjäger-Gesellschaften erinnert. Wie beispielsweise auf den Fidjis oder Marquesas-Islands, wo die Bevölkerung eine eindeutige Sprachregelung getroffen hatte: zwischen uns, natürlich, und den anderen, den potentiellen Feinden. Die jährlich dem Gott zum Opfer gekidnappt werden und anschließend gemeinsam von den Fängern rituell verzehrt werden müssen. Und wie nennen wir die?
Die heißen: »Human Fish.«

Neues vom Wespenbanner

The old men's voices, Pseirer-Josele. die alten menschen-
stimmen von den säulen. die des Simon del desierto. die
von den türmen, die zum stimmenklirren werden. die
klirrenden sendemasten, die abgestellt werden müssen,
kein handy-empfang; es ist das hohe wasser – klirr.

die widertonstimme von den felstürmen, den huggeln und
hubbeligen cleefs aus. und die elsterstimme, die der elstern
beim zugriff. stimmen: *the old voice lifts itself*, macht sich
selbständig, verselbständigt sich; um auf den boden hart
zu treffen, ein geklirr. und alles vom säulenrand aus gesehn!

trifft ein. eintreffende menschenstimmen, als ein abkratzbares,
als scheppernde aufnahme. und zwar nahaufnahme: als band,
das sich klebrig in sich selbst auflöst, nachdem es dreißig Jahre
nicht abgehört worden ist. räuspern, dann: »hier
spricht der wespenbanner!«, worauf das BASF-tape den

geist aufgibt. Simon del desierto! hängt über der brüstung, ver-
schieden – im Vinschgau als winziges mural in augenhöhe –, so
steht er und schweigt wie er spricht, die gottes-drossel.
verschriebene
druckstele. wie gedrosselt der hals und die kehle noch warm,
warum, und der leer bleibende schlund – ein erstbesteiger wieder.

*

das ist von den barmherzigen schwestern
die schwester cornelia, in der privatklinik
zu meran. martinsbrunn, fonte s. martino.
wie sie einsticht – sanft! um wespen-
banners blutbild zu erstellen.

das ist von wochen schmutziggrau der rest,
der in den beugen übrigbleibt, von weißen
pflastern. Der sich wie luftbilder verhält:
von ausgrabungen freigegebene fotos;
hirnecken, camouflage – so tarnt sich dreck.

zween lärchen. Pinie, wellingtonia.
die strukturiern den blick, von rechts nach
links. Wie aber sich die nebel erst verhalten!
so hokusai-gestaffelt – kurz später: siehst du
nichts; blickflicken dann, ein weißer fleck.

und schiebt sich fort und vor, unwillentlich;
ist's marionettenstoff? der vor den hang
gespannt? gezogn? dies weben, geisterweiß?
und fremdbestimmt! das vor sich geht, sich
dreht, vergehen muß. und hoch sich zieht –

gezogen wird? sich löst, sich auflöst – schluß.
so stand und fuhr das vor den wänden.
so regt sich's: vor dem einflugloch
des subterranen baus der wespe – mastdarm
der erde. haarlos, splitt. da quell'n sie vor:

kraxeln geduckt, mit harten köpfen, so-
bald das morgengrau sie läßt. der ihre
beste tarnung: lautlosigkeit. sie
fliegen ein und aus in großer stille
aus dieser rundgebauten fortifikation.

singvögel aus serpentin, so blankgeputzte.
wie sie abschleiern, sich fall'n lass'n
aus dem wipfel – birkenwipfel. wo sie
kopfunter pickend hängen, leben: sich
signale geben, leise leben, um ab-

schleiernd im wellenflug die weiten ein-
zuholen. um dann, zu fünft zu sechst, zurück-
zukehren: sie – zierliche aus serpentin – in
diese hellgezitter-camouflage von wipfel –
den zu hören, in bewegung seh'n.

mein bruder macht beim tonfilm die ge-
räusche doch hör ich näher hin: bin ich
das selbst, was aus der ferne dringt – rangier-
verkehr, gefiepe – kommt von mir! tief
inneres dringt aus, in kleinstem atemschritt.

kleinste atemschrift / macht beim tonfilm
die geräusche nur, bin der bruder ich: auf keinen
nebenmann kann ich gefiepe schieben –
was da rangiert? in meiner sängerbrust?
(wörterverantwortung & wörterlust)

das ist die sohle – spack gespannter fuß.
verdickte fessel. runzellose haut – ein
trommelfell. das ist die bastonade ohne
schlag: *schneid mich nicht ab! schneid*
mich nicht ab!, das stöhn' die bäume

im hohen feberschnee. nahbei findet jagd
mit einem unfall statt. es stiemt, wird flüssig:
steinschlagstein, der dem die schläfe letzt;
ein graf bleibt tot. den trägt ein schreiber-
mönch, mit todesdatum, in den nekrolog.

jetzt maskentreiben, rauhes fersental: martedì
grasso, karnevalsmontag, tag der alten, il giorno
dei vecchi, am fressar mata lesen wir euch's
testament: »jetzt gehen ma, kinder!« – gehen
durch's schauderhafte totenreich ?

wir masken, *alter* auch genannt: im weißen
leinenhemd; aus ziegenkitz der spitzhut, in zwei
hörner, *»kont«*, so läuft schamanenkappe aus;
der ledergürtel, *»girtl«*, daran glocke; langer
stock, der *»stob«*, zum springen – fliegen.

dem altn ist mit heu der *»buckel«* ausgestopft,
auf dem die alte trommelt (männerhut mit bruch
und schwarzes kleid, *»tschiont«*) mit diesem ruten-
bündel, *»pezn«*. beider gesichter rußgeschwärzt.
der tyrsusstab ist hohl, gefüllt mit wagen-

schmiere. glückstorte: die vor schlagenbiß
und unglücksfällen schützen soll. die torten-
teller wern geworfen – fliegen durch gegnd:
wobei *der alte* und *die alte* noch auf bäume
steigen und auf hohe steine; dazu alter text.

arnikalitanei, sich sonnend. was in der flasche
auf dem eternitdach liegt des schobers, sechs
tage liegen muß: die blüten, wurzeln auch blitz-
gelber blaubestrahlter ernte, die auf zerrung
und ergüsse aufgetragen werden wird.

Unbewaffnete Augen

Mnemosyne. Fest. Spielhaus.

das rost-
kehlchen, tonlos, und mit
einem satz auf diesen frisch
aufgeführten erdwerken.
in kleinen sprüngen
nahrung. camouflage. gedächtnis

und erdwerk hämisch,
aus mullkrume; daraus aufgekrümelt
eine bunkeranlage – fensterbild
draufsicht: die molle.

vor dem Schloss. vor der Klinik Elbroich.

in der wiesensenke, in der rasensenke geschieht geducktes landen
signalloser häher. geschieht unausgesetzt. das ist, unter
platanenkronen, dieses häherlanden: in platanen. in
geschälten gelbgeschälten platanenbäumen.
alter laubabwurf ölig geschliert, reißend: matschig
von intensiver häherrückenfarbe.

und die andere,

finale camouflage:

das gedächtnis
verfliegt.

alt- und kurzzeitgedächtnis

in
lösung begriffen, in auflösung:
gänzlich. unbegriffen.

daten. alle daten auf rasur.

kennungen? meine kennung.

ich flüstere beuge mich zusammen lächele unsicher was
ist das.
[nicht überfordert zu werden gilt
geht mein flehen]

so liegt sie.
so liegt mnemosyne.
                    zuwendungskürze allein erlauernd:
denn das ist würdig und recht

Alles Außenaufnahmen

und dem seine rückenfarbe, sand,
lehmiger gesichtsmergel, verteilt:
als faulige biedermeier-livree. aus der
rot krächzt, ein rostiger, absplitternder,
kuppenzerreißender häher – aber
tonlos, versteht sich, und hingeduckt,
wie hinüber –

AUS dieser häherkehle
also schiebt sich der mördersound-aussatz.

tapete parkgrüner sittiche.
schwirrend ihr stand,
ihr kurzes stehen, bodenfern, in ästen, überm
astwerk, beiwerk der platanenkronen; sie leben,
als jugendstil-, als knappe, als augenblickliche tapete,
den rhein, ganzen rheingraben
runter. ein leben, längs der wärme, der
frostfreiheit eher, na, der erwärmung entlang.

was auszumachen ist mit unbewaffnetem auge
ohne erdrohr. unschwer
bei gezückter kehle; die allerdings
das tonlose von jahreswenden streift.

schnurkehle:
paketbandkehl-herzabstiege, ungesichert, an fauliger schnur:
so geht sie, so gehen wir zusammen über die flure,

so geht sie, walkt sie durch klinikzimmer

so liegt sie.
noch geht sie.

so liegt mnemosyne.
dies unsere lage, mnemosyne.
so, bulletin, stehts jetzt
um mnemosyne

genau.
ja.

Petrarca an den Kardinal Colonna

Fluß! ein Rhein-fluß und flotter papiersud
rheinbrei der sich glitzend wand,

Mir eine blubber-arabeske ins haar, und
Um die starkriechende stirn, zu geben.

Als ich die menge Kölnerinnen sah,
Halbnackt schwatzend gekrempelt;

Ich sah sie helles, und alles,
Zueinander sagen!

Sie wuschen sich dabei
Ihre arme – barbarinnenhärchen

Die das flusswasser (sich?) anlegte.
Von trockenem von höh'rem

Fleck aus, Cardinale, hörte und sah
Dies alles ich glühwurm

Zu grüner nacht; fluß war's:
Es war Johannisnacht

Die Anachoretische Landschaft
Grünewald (Isenheimer Altar, gegen 1516)

Nu, maler! hast verstandenn,
was Wir von dir wollen?
Unt dasz Wir vor'n Altar
unsere kranknn tragen sollen!

Video zur Anachoretischen Landschaft

Sagst du so: wenn du das
Gesicht der vision – ein GOttesgesicht –
Nicht ertragen kannst.

Dein antlitz: mein dreckig
Schweißverschmiertes, wenn ich
Es denn verstecken muß? das meine.

Um nicht vor lebensscham verrecken
Zu müssen – so nehm' ich farbe an.
Da ich sah: *durch vorbilder bestätiget.*

Sah aber kein antlitz. hatte gesicht.
Hatte die augenvision: augen-über-augen!,
Hatte antlitz-augen-verkettung!

Die aber: klar und ruhig –
Farbglut zitternd ins werk zu setzen
Mir mein' kunst erlaubt.

Die Anachoretische Landschaft

flechtwerke verhangener [ur]waldlandschaft, graugrünskalen
blinkend. erblickend: durch ziemlich genaue rheinstromober-,
durch ziemlich genau rheinstromseitentäler, ja? deutsches

waldtal schallz deutsches waldtal schallz deutsches waldtal
dieser anachoreten-innenwüste, wo alles bietet.
von nebel durchseihten seitentälern, die tief aufgesogen haben,

diese genau abhängenden seiten aufgesogen haben, und
diese genauen herzinnenseiten: erforschenden andenkens
zweier alter männer. die sich kaum kennen (ein wunder)

in andacht und anbetung aber überbietungsstrategien fahren.
seitab und seitlich oberkarg: dabei noch passabel bei muskel, eher
ungreisenhaft. flechtwerk: alles zugeflochten! das kommt

von innen, alles! geflochten, zu, allüberall! innenverstrickung!
flechtwerks harscher landschaftsbewurf TRIUMPH DER
FLECHTE
das ist die innenraum-, das ist verstrickung. *ach,*

triumph der inn'renraumstruktur!
und starker, nach unten durchgezogenen flügelschlag: der dunkelt,
für kurz, DEN ALTEN DIE GRÜNE WELT – da ist er!
der tages-, der

tägliche rab', der brotbringer, der, heute (da gast): rabe als
doppelbrot-

transporteur (es ist dies nur eines
der zahlreichen wunder.)

wie der schamlose hunger ZOOMS
der nichtsichtbaren wölfin, die sich den riß entlang zieht.
grad japsend, den rückn, talrückn nimmt; hin fast schon.
wo, ins schlepp geratend, eine wölfin sich keuchend
vor durst lang zieht und den bergrücken japsend,
fast schon hin. im blick restblick bald schons verrecken.

der disputierärmchen stecken, und aber wohlgenährter daumen
noch
– wo weist die händin hin?
blickwadi.

10. januar. tag des hl paulus.
erkennen sich! (wunder) und lassen sich in seiner wohnung
auf einem steine nieder: »da siehst du:

einen menschen / der
am ende seiner laufbahn / in weißen haaren
bald zu staube / werden soll.« so still. aßen sie's rabenbrot,

und tranken die quelle *(schallz)* / die hörbare unterm palmbaum.
tieridyllen dazu im hintergrund, sagen wir: mehrender, sanft
das aug' niederschlagend – darüber gehn sie

nieder, wie gebete, der flechtwerke impulsivität,
ihre erschütterungen.
ihre moosgezackten katarakte. und wie! entschieden sie nieder-

niedergehn – bei unwetter peitschenlampen an der bundesautobahn!

blickwadi, schallz deutsches waldtal. »nun hol / von dir / willst du / deinen mantel / des athanasius geschenk / zum sterbemantel mir.« (und starb schon natürlich unterdessen.)

des weinte, der den mantel hielt hängenden arms, wie flechte,
der heilige bitterlich. der heilige antonius.
und war in seiner höhl' und flechtwerk-lokation der alte:
kniend hin-
gestorben, erhobenen haupts, die hände ausgebreitet;
frühchristlich,
im gebet.

Tumulus Muckibude
Das F...berg-Denkmal im Dom zu Paderborn

DIe macht, ingleych der ruhm, verbreydten böse schmertzen /
liehgst auf dem folter=tisch du erst der ew'gen peinn. DAs
ist die endlosspule, die zu hören ist –

und nichts was
knirscht? (vielleicht ein murmeln; seufzen und gestöhn)

NIchts knirscht, da sich die gräber öffnen:
ein junger tag, aus untersicht.
EIn carmen schrillt,
auf schwarzer platte goldne schrift, nach rechts
geneigter meißel-ton, an eleganz nicht mehr
zu toppen; zuoberst macht & ruhm.
NIchts knirscht da
sich die platten schieben; die todten ihre häute suchen
und nicht finden; steigen, sind gestiegen,
von a bis z gedopt. oh, schenkelumfangs ruhm
& macht! sie posen, todtenkopfgesichtig;
sind unter ihrer gold-allonge
gestrählte poser
für die ewigkeit.
IN ihrem offnen,
ihrem fleischbefreiten männer-thorax-käfig
sind nauman's bildschirme / von marmelstein /
sind screens von sechzehnhundertachtzehn

fest eingebaut.

»und nichts, was knirschen könnte?«
»nur details.«

detail.
INFERNUS. in sechs meter höhe,
rechts. der rote glühpunkt kreist, frontal,
uns die verdammnis ein: der armen seele
züngeln (endlostape, schwarzweiß) die
flammen übern brustkorb hoch;
bei unversehrtem hemd endlos
ein fürchterlicher schrei.

DAbey in sturer stellung kniet / als ob er stünde /
gebetsformal / monumentale / hauptperson /
der fürstbischof / erwartet was ihm zusteht / sei=
ne auferstehung //

DIes alles / knirschend / aus der untersicht
ein endlostape DU /

hörst es nicht

Zum Gemäldegedicht
Düsseldorfer Vortrag

Wie alt ist die Schrift?
Schrift, oder was man geneigt ist, für »Schrift« zu halten. Die Rede ist von bis heute erhaltener Schrift, als Einritzung, Krakelüre und Kerb-Anordnung in Knochen oder Holz, nicht von temporär erhaltener Schrift wie der, die von verschiedenen Kulturen beispielsweise auf Blättern geschrieben wurde und vielleicht noch wird. Wie alt ist die Schrift? Eine Antwort könnte lauten: Die Schrift wird immer älter. Die jüngsten dendrologischen Messungen an einem hölzernen Fundstück also, das aus dem Donauraum stammt, sprechen »Schrift« jetzt ein Alter von etwa siebentausend Jahren zu. Wir reden jetzt nicht von den Zehntausende von Jahren alten Felsbildern bei Tells und in den Wohnhöhlen und Ritualhallen der Eiszeitjägergesellschaften aus dem Magdalénien mit den teils aufgepusteten Pigmenten, die sich bis heute gehalten haben – ein Konzept der wortlosen Atemtechnik gewissermaßen. Und wir sagen, daß dies nicht der Platz ist, um über Wahrnehmung von Tierfährten als Voraussetzung von Lesen und Schrift überhaupt zu sprechen. Diese allerersten Analysefähigkeiten – das Spurenlesen –, die gewiß zurückreichen bis in die Frühschichten der Hominiden, waren ja wohl Voraussetzung um überleben zu können. Das »Lesen« der Schrift-Bilder, die Stapfen in Schnee oder die Tritte im Steppenboden, mußte ja schnell vonstatten gehen – im Fährtenbuch der Natur erkannten sie die temporären Abbilder von Gegnern oder Nahrung – friß Cromagnon oder stirb; Schnelligkeit war angesagt, bevor der Wind die Spur verweht, bevor die Sonne den Lichteinfall geändert hat und Auftauen und über Nacht das Überfrieren die Fährte ins grotesk Unlesbare vergrößert, vergröbert und verzerrt hat.
Vor allen alphabetischen Bemühungen der frühen Stadt-Hochkulturen zwischen Zweistromland und Anatolien steht die bis in die

allerjüngste Zeit benutzte »illegitime« Vorschriftlichkeit der Fahrenden, die in den Hauseingängen ihre Zinken hinterlassen. Hinzuweisen wäre auch auf solche »Naturschriftlichkeit«, wie die Rotwelsch-Sprecher sie für ihresgleichen unter freiem Himmel hinterlassen haben, der am Weg einfach geknickte Weidenzweig als Mitteilung für Nachfolgende etwa, oder, schon komplexer, eine Form von Knotenschrift, wenn der biegsame Zweig am Busch, mehrfach und unterschiedlich geknotet, Auskunft über Anzahl und Geschlecht der reisenden Gruppe gibt, darüber hinaus die Richtung weist, in der weitergereist wird – rotwelsches Quippu. All dies ist dem Fremden, dem Nichteingeweihten kaum als Schrift erkennbar.

Was ist das, ein Gemäldegedicht?
Die kürzeste und einfachste Antwort lautet natürlich: ein Gemäldegedicht ist dichterische Schrift parallel zu Erzeugnissen und mit, mit Hilfe, der bildenden Kunst.
In der frühen Neuzeit vom 16. bis Ende des 17. Jahrhunderts hatte es seine Hochblüte, sehen wir von in Rasanz gearbeiteten Buchmalereien, von Totentanzgemälden (Monumentalbildern mit fliegenden Schriftbändern) einmal ab, oder von der Gemäldegedicht-Miniatur, dem Votivbild, diesem unschätzbaren Archiv nicht allein der Ethnologie. Was zwingt künstlerisches Bild und dichterische Schrift ineins? Der Mutwillen des Dichters vielleicht? Gehen wir für dieses Mal das Problem unter Zuhilfenahme der Etymologie an. Bei näherem Hinsehen auf die Sprachwurzeln der Wörter »malen« und »Mal« (wie in Wundmal) offenbaren sich erstaunliche Überschneidungen. Malerei und Schrift fallen partiell zusammen, nähern sich zumindest dergestalt an, daß man einmal mehr ins Grübeln kommen könnte, zugegebenermaßen über Überflüssi-

ges: wer nun, was nun zuerst da war, die Henne oder das Ei? Die Malerei oder die Schrift? Kunst oder Dichtung? Machen wir es uns einfach, sagen wir: das Gemäldegedicht ...
Das »Mal« umgreift im Gotischen – mel – zweierlei: einmal – das ist schon das zweite Mal! – die Zeit und den genauen Zeitpunkt, die Stunde, was wir im englischen »meal« wiedererkennen können. Die erste, uns vornehmlich interessierende Bedeutung, und hier haben wir es bereits mit einem ganzen Bedeutungsspektrum zu tun, lautet so: »Mal, Zeichen, Schriftzeichen, Schrift«. Das gotische Verb »meljan« heißt »schreiben«, das altisländische Pendant hingegen »malen«. Die Schminke ist im Althochdeutschen »ougmal«, hier wird also auch – in wirklich jeder Hinsicht – gemalt. Es werden Zeichen gesetzt: schau her – ich bin's! Mein Gesicht: zwischen Schönheit und Camouflage. Das Althochdeutsche malon ist unser malen. Und es kann hierbei auch übermalt werden: das Wundmal, das Muttermal – Mal bedeutet auch die verfärbte Hautstelle, Fleck. Und überhaupt hat man es mit Schmutz-, Fleck- und überhaupt mit Farbworten zu tun – mit Worten, die sich von ihrer Umgebung, vom Untergrund abheben und dadurch aufscheinen – vom Sanskrit, das den Kot- und Unreinlichkeitsfaktor betont, über das Litauische (hier heißt die Entsprechung »blaue Farbe«) bis zum Griechischen, wo melas »schwarz« ist. Diese Farbnamen werden oft auf Nahrungsmittel übertragen, auf die Brombeere zum Beispiel, wie im Russischen. Schmutz- und Fleckworte und Zeichen- und Farbworte: es wird etwas markiert, herausgehoben, eingraviert, beschrieben, farbgedeckt und überdeckt, mit Farbe, Pinsel, Griffel, Stift.
Malen fächert sich im Mittelhochdeutschen nochmals bedeutend auf. Zwischen »zeichnen, färben, im Geist entwerfen, schreiben, abgrenzen und bunt markieren« spielt sich genau das ab, was ich in

der Engführung – über das Gemäldegedicht hinaus, wo die Schrift ja gegenüber dem bildnerischen Kunstwerk das letzte Wort zu haben meint – was ich in der Engführung im Künstlerbuch verwirklicht sehe, wie wir es seit dem 20. Jahrhundert kennen; das Künstlerbuch als gemeinsames Ergebnis von Künstler und Dichter. Bemerken wir bei diesen ganzen Schmutz-Fleck-Worten, die unserem Schreiben und Malen zugrunde liegen und die so viele alte, selbstverständlich auch außereuropäische Kulturen umfassen, nicht eine Ab-, wenn nicht Ausgrenzung, wenn sogar der Tabubereich des Unreinen gestreift wird? Ja der *Schmutzrand* gewissermaßen übertreten wird? Wo bleibt das Erhabene, so könnte gefragt werden, wo doch zu Anfang von bildender Kunst und Schrifttum eine Art Ästhetik des Häßlichen oder doch des Unscheinbaren, geradezu Getarnten so deutlich angelegt ist?

Die Erforschung des Gemäldegedichts in der bedeutenden Variante der *emblematischen Dichtung* des 16. und 17. Jahrhunderts beginnt mit Mario Praz bereits in den 1930ern des vergangenen Jahrhunderts. Praz hat über 600 Autoren dieses ganz Europa umfassenden Phänomens ausfindig gemacht. Vorlage für den Emblemdichter ist – verkürzt gesagt – eine Abbildung, die er betextet. Eine Form der künstlerisch-moralischen Dienstleistung, die durchaus im Team erstellt werden konnte, wobei der Dichter den Text beizufügen hatte, der unter anderem »Sinnspruch« genannt wurde. Emblemdichtung, die im deutschsprachigen Raum das griechisch-lateinische *emblema* mit Sinnbild verdeutschend ersetzt und als *Sinnbildkunst* bekannt wird, definiert der Dichter und Polyhistor Georg Philipp Harsdörfer (der das Wort Sinnbild zu Ende des Dreißigjährigen Krieges durchsetzt) in seinen »Frauenzimmer-Gesprächspielen« auf diese Weise: »Es werden aber solche Gemähl und Schriften Sinnbilder genant / weil selbe von Bildern und wenig Worten / darinn der Sinn / Meinung und Verstand deß Erfinders begriffen / zusammengesetzet: welche dann mehr weisen / als gemahlet oder geschrieben ist / in demselbe zu fernerem Nachdenkken fügliche Anlaß geben.« Ich verstehe Harsdörffers Wort als frühen Aufruf zu intermedialer Zusammenarbeit. Interessant ist überdies die Forderung nach dem sparsam komprimierten Text (»wenig Worte(n)«), gewiß nicht der geringste Anlaß, der das sprachbewußte Gedicht aus der Baudelaire-Mallarmé-Tradition unter Hermetismus-Verdacht gebracht hat, wie ihn für die klassische Moderne, und bis in die Gegenwart bedauernswert folgenreich, Hocke nach 1945 äußerte. Mephistophelisch gefragt: sollte die philologische Akademiker- und Leserschaft der jungen Bundesrepublik nach finstersten Front- und Kellerjahren vor »Verdunkelungs«-Strategien, vor gefährlicher Verrätselung geschützt werden? Hat Hocke überlesen, daß Harsdörffer von »Sinn, Meinung, Verstand« gesprochen hat? Werden nicht Dekodierungs-Mühe und Dechiffrier-Lust nicht nur vom Produzenten, sondern gleichermaßen vom Leser eingefordert? Eben »Sinn, Meinung und Verstand«?

Eine andere, differenzierte Lesart für das wechselwirksame Sinn-Bild schlägt Kaspar Stieler vor, Dichter und Theoretiker des Spätbarock. Er beschreibt 1685 in seiner Poetik, der »Dichtkunst des Spaten« (das meint: des später Dazugekommenen), die durchaus Züge eines Creative-Writing-Handbuchs aufweist, was für ihn ein Gemäldegedicht ausmacht:

»Es pfleget ein Poet auch oft mit Sinnebildern
hoch sinnlich ümzugehn und ein Gemähld zu schildern,

das gleichsam redt und lacht, und ein Geheimnüß stellt
mit schönem Ansehn vor. Hierzu nimmt er die Welt.«

Es geht also darum, das Bildkunstwerk (»Gemähld«) zum Sprechen zu bringen, besser gesagt, ihm eine zweite – eine dichterische – Sprache zur Seite zu stellen. Eine zweite Sprache: das Bild spricht ja bereits seine schrift- und tonlose Sprache und wird gewissermaßen vom Dichter noch mit Untertiteln versehen; man denke an das bewegte Bild des Stummfilms, das eine frühe »Synchronisation«, freilich eine tonlose, durch zwischengeschnittene Schrifttafeln erfährt. Das »schildern«, das dem Dichter vorschwebt, hat allerdings dafür zu sorgen, daß nichts in Grund und Boden erklärt wird, wobei in diesem Schildern noch das alte Wort für Malerei, als Schilderij im Niederländischen erhalten, mitklingt. Laut Stieler soll das im Bild dargestellte »Geheimnüß« sinngeladen, durch die Sinne geschehend (»hoch sinnlich«) und »mit schönem Ansehn« mehr als eine Kommentierung erfahren. Von linearem Illustrieren des Gemäldes durch Text, welches das Geheimnis aufhöbe, ist nicht die Rede. Der Text kann und soll sogar eine völlig andere Richtung einschlagen, eine zweite Ebene einziehen, die das Ganze zu einem Dritten, Eigenen macht. Wie nun soll das geschehen? Der Dichter ist vom Bild nicht weisungsgebunden: er nimmt »hierzu ... die Welt«, das heißt, alles, was vorhanden ist, alles, was *assoziativ* als »hoch sinnlich« erkannt wird. Anhand der Bildvorlage entsteht nun das Gemäldegedicht; es mobilisiert seine Metaphernsprache, erzeugt seine eigene Bildlichkeit, um mit der gar nicht so fremden Fremdsprache des Bildes mithalten zu können. Dichten auch hier als Dolmetschvorgang, als Übersetzungsprozeß. Das Gemäldegedicht wird geschrieben, um letztlich mit dem Künstler gleichzuziehen; und nur das wäre für den Dichter optimal.

Noch ein Wort zum Geheimnis. Vergegenwärtigt man sich einerseits, daß das politisch vom 30jährigen Religionskrieg bestimmte 17. Jahrhundert eine Hochblüte der Geheimschriften und ihrer Theorie, eine Ära des Kodierungswahns ist (hier wäre eine Parallele zur Gegenwart erkennbar, die sich fieberhafter Erfindung und exzessivem Einsatz von medialen Sicherungssystemen befleißigt), nimmt es nicht wunder, daß sich Stieler über das »Geheimnüß« Gedanken macht. Man findet bei ihm und anderen – ich nenne den Ausnahme-Polyhistor Athanasius Kircher – Nachklänge an »hermetische« Überlegungen und Forschungen der Renaissance, die nicht nur versessen auf Embleme und Emblemdichtung war, sondern auch, von seiten gerade der Florentiner Humanisten, nicht unbeträchtliche Kräfte in die Entschlüsselung der ägyptischen Hieroglyphen investierte. Edgar Wind hat in seinem zuerst 1958 auf englisch erschienenen Klassiker »Heidnische Mysterien in der Renaissance« darauf aufmerksam gemacht, daß es bei Renaissance-Dichtern, die untereinander über formal streng korsettierte lyrische Texte kommunizierten, Sinnumkehrung »üblich« und »geboten« war. Wie ebenfalls beim Austausch von Emblemen »das Bild beizubehalten, seine Bedeutung aber umzukehren.«
Diese Form der Spurenänderung erinnert mich wiederum an »barocke« Strategien, wie sie an Harsdörffers schönem Begriff der »Verborgene(n) Sendschreiben« deutlich werden. »Verborgene Sendschreiben«: ich finde, das ist überhaupt ein gut brauchbares Wort, um das Gedicht zu charakterisieren! Das Gedicht, welches es vorzieht, nicht mit der Tür ins Haus zu fallen.

Ob Georges »Hexenreihen« aus dem »Siebenten Ring« (1907) ein direktes Gemäldegedicht ist, weiß ich nicht zu entscheiden. Ein direktes Gemäldegedicht, das nach direkter Vorlage entstanden ist;

ob Stichworte oder ein erster Entwurf vor dem Original gemacht wurden; ob nach Konsultierung des Originals geschrieben wurde; ob nach Abbildung gearbeitet wurde (Katalog, Ansichtskarte, Dia, Ektachrom, Ausdruck aus dem Internet usf.). Ob George die berühmten Hexenbilder des Hans Baldung Grien aus dem 16. Jahrhundert gekannt hat oder dessen mit der Feder ausgeführte Hexensabbat-Zeichnungen, die berühmt nicht zuletzt wegen ihrer ungewöhnlichen erotischen Offenheit sind; ob er sie also benutzt hat für seine »Hexenreihen«, entzieht sich meiner Kenntnis – ich halte es aber für möglich.

Gewiß ist, daß es sich bei dem George-Gedicht um das Auge dreht, um das Sehen, um Sichtweisen. Zahlreiche, auch verschwiegene Drehmomente kommen in diesem echten Seher-und-Seherinnen-Gedicht zur Sprache. Es handelt sich unter anderem, dies sogar eher nebenher, um eine Sprachtanz-Andeutung – es dreht sich um arkane Vorgänge. Und es geht um Abgrenzungsstrategien einer Gruppe nach außen, die sich aus der Thematisierung von mindestens zweierlei Sehen, sowie der exklusiv-exkludierenden Wortwahl, ergibt.

STEFAN GEORGE, HEXENREIHEN

Wir lachen eures wahnes ·
Geschlechter falschen spanes ·
Ihr augen blöd und blau
Seht nur den tag voll trug –
Die unsern nächtig glau
Erspähn den innern fug ·

Euch ist die haut nur kund –
Wir wissen tausend namen
Von wind- und wolkenschub
Vom heer im wassergrund
Von tausend dunklen samen
Die finsternis vergrub ·

Uns ist der tanz im krampfe ·
In wülsten und gekrös
Sind uns die leiber schön ·
Duft ist im moderdampfe.
Im wirbelnden getös
Vernehmen wir getön ·

Wir giessen in den schlot
Von dem meerfarbnen most :
Da taucht aus erdenriefen
Da fliegt aus sternentiefen
Zu uns von west und ost
Was lebend ist und tot ·

Wir schütteln unser sieb
Bis durch was euch gemein
Von allen schätzen trieb ·
Was haften bleibt am boden
Ist ein gebild von stein
Wie eines tieres hoden ·

Euch stach man nie den star ·
Ihr wandelt blöd und dumpf ·
Wir feiern fest am sumpf
Am wasen der kafiller ..
Im giftigen fosforschiller
Sehn wir das wesen klar ·

Wie der Römer Sallust (der scharfsichtige Beschreiber des Wüstenkrieges gegen Jugurtha) ist der Rheinländer Stefan George Archaist, beide benutzten alte Sprachen und machten ihre Fundstükke für eigenes Schreiben produktiv, waren also ausgräberisch, als Spracharchäologen, als Wortschatzgräber tätig. Bei George kommt neben der Fundlust eine Abgrenzungsstrategie zum Tragen, deren Teil es ist, daß der archaistisch-moderne Dichter seinen elitären Leser-Cercle zum Wörterbuch treibt. Das auch gerade wir, hundert Jahre nach George, benutzen müssen, wollen wir erfahren, was es mit den »Geschlechter(n) falschen spanes« auf sich hat, was »erdenriefen« sind oder der »kafiller«, an dessen »wasen« der Hexensabbat steigt.
»Hexenreihen«, ein energisch-zarter, ganz unmonolithischer Gesang, läßt sich lesen als ein Schulterschluß mit den nachtseitig-mahrhaft unterdrückten Veranlagungen des Menschen; als ein schweißgebadetes Angstphantasma des wilhelminisch-prüden

Mannes; als ein sprachkombinatorisches Kunstwerk, in dem, im Handumdrehn – mittels Austausch nur eines Buchstabens –, aus dem exzessiven »tanz im krampfe« der Frauen plötzlich etwas ganz anderes wird – »getös« wird zu »getön«. Das bruitistisch-lärmend Ununterscheidbare erfährt seine Transformation in differenzierbaren Wohlklang. Ebenso steht es mit dem Verwesungsanger, dem Tieraas und Selbstmördern vorbehaltenen Kadaverfeld, dem »wasen« – der einen Augenblick später in »wesen« verwandelt sich sieht. Sichtweise: das vom weiblichen Nachtvolk im lebensbedrohlichen Aufblubbern der Moorgase als ihrem Zauber- und Zerrspiegel, als ihrem temporären Bildprojektor erkannt wird. Auf dem die Einsicht mit hoher Geschwindigkeit erfolgen muß.

Wie verhält es sich mit dem Wort »kafiller«, rotwelsch für den Schinder, das im 17. Jahrhundert bereits bei Johann Michael Moscherosch gebräuchlich vorkommt? Das nun ist für mich, vom Wortmaterial her betrachtet, die eigentliche Überraschung, bei George auf ein Rotwelsch-Wort zu stoßen, bei Stefan George, der doch wie kein anderer der deutschen Dichtung für kolossale Erhabenheit, für erhabene Kolossalität steht. Aber dient nicht der den georgetypischen hohen Ton (»Geschlechter falschen spanes«) konterkarierende »kafiller« der georgeschen Abgrenzungsstrategie? Dieser kadaververwertende Kafiller, dieser Schinderhannes (in Bingen immer schon eine Berühmtheit!), der einen unreinen Beruf ausübt und seinerseits des Rotwelschen kundig ist. Ich begreife den Einsatz der Rotwelsch-Vokabel durch den rheinischen Dichter-Hierophanten als Mittel klarer apotropäischer Abgrenzungsstrategie – »klar« ist interessanterweise das letzte Georgewort der »Hexenreihen«. Das rotwelsche, romanische Wurzeln enthaltende »kafiller« (»cheval«, Pferd – ein nächtliches Hexenreittier, dessen Kopf sogar als Musikinstrument beim Hexenreigen zur Verwendung kommen kann) wird also von George zu *einem* Werkzeug magischen Abwehrzaubers innerhalb des restmagischen Wahrnehmungsinstruments Gedicht gemacht. Das Gedicht als Wahrnehmungsinstrument und Abgrenzungsmittel: den Außenstehenden – »Geschlechter falschen spanes«, die falschen Streit- und Glaubensfragen ihre Kraft widmen, diesen in der Sicht des Dichters als materialistisch-paranoide Untote identifizierten, denen »die haut nur kund« ist, wird bedeutet: »ihr versteht nicht, was ich meine«, oder – gedreht – zum herrischen Machtwort des Magiers: »ihr habt nichts zu verstehen«. Das Gedicht als Wahrnehmungsinstrument und Abgrenzungsmittel: wie die von George auch hier benutzten veraltet-abseitigen und selten in die Hoch-Schrift vorgedrungenen Dialektworte (wie das Augenwort »glau« für das glühend-scharfsichtige Sehen bei Nacht) – dient nicht dies alles Abgrenzungsstrategien?

»getös« und »getön«, »wasen« und »wesen«. Das präzise Wahrnehmungsinstrument Gedicht, das kleinste subkutane Bewegungen der Sprache sichtbar und hörbar zu machen versteht, dieses steinalte Präzisionswerkzeug, dem George und sein nicht minder herrischer Antipode Rudolf Borchardt, beide von bedeutender Bockbeinigkeit, noch soviel Zündkraft zugetraut haben, in grotesker Ignorierung der längst eingetretenen Marginalisierung des Dichters.

Rilke, vor dessen sagenhaften Kitsch-Attacken man ja nie sicher sein kann, macht auch in seinen Gemäldegedichten keine Ausnahme: »Aus allen Türmen stürzt sich, Fluß um Fluß, / hinwallendes Metall in solchen Massen«, so der Beginn der »Marienprozession« in seinen »Neuen Gedichten«. In denen sich auch die »Hetärengräber« finden, vor dessen platter Farbsymbolik, die weit hinter die zurückhaltende, gleichwohl Intensität erzeugende Farbmetaphernwelt Trakls zurückfällt. Bei den »Hetärengräbern« sticht Rilkes Überinstrumentierung, die man bei ihm gewohnt ist, in ihrer Illustrationssüchtigkeit ins Auge; und beinahe noch mehr schmerzt es, dort eine manierierte Konditorei serviert zu bekommen wie diese: »In den Munden / die glatten Zähne wie ein Reiseschachspiel / aus Elfenbein aufgestellt.« Aus anderem, härterem Material geschnitzt sind Borchardts Gemäldegedichte, die eine eigene Untersuchung verlangen, wie etwa die »Verse bei Betrachtung von Landschafts-Zeichnungen geschrieben«, die ein beklemmendes Psychogramm einer vom Dichter als anthropomorph aufgefaßten Gegend zu entwickeln verstehen. Und eben nicht bei linearer Illustration verharren: »Dies sind die Zeichen: diese kann ich lesen«. Und ich möchte hinzufügen: solche Zeichen will man auch lesen. Wie Borchardts großes, noch fast unausgelotetes Gemäldegedicht »Bacchische Epiphanie«, die zwischen 1901 und 1912 in drei Versionen entstand, wobei sich die Endfassung zu einem – geradezu filmischen – Großformat auswuchs, das zuerst den Untertitel »nach einem Vasenbilde« trug. 1930 hat Borchardt, im Zusammenhang mit seinen Pindar-Übersetzungen, von »stilumsetzende(r) Vorzeitbelebung« gesprochen – ich denke, das darf man überhaupt, und nicht nur für Rudolf Borchardt, programmatisch lesen.

Geheime Sendschreiben – senden hängt mit Sinn und mit Wegzurücklegen zusammen. In den letzten fünfzehn, zwanzig Jahren habe ich Gemäldegedichte geschrieben angeregt durch Goya und Breughel, Riemenschneider und Holbein; Cimabue, Barnett Newman und Mantegna; die Düsseldorfer Polke, Beuys, Blinky Palermo; Niklas Manuel, Baldung Grien oder Valdés Leal; es gibt Gemäldegedichte über Riesen-Murale, vor Hunderten von Jahren schon abgebrochene Totentänze und über Votivtäfelchen. Meine Liste umfaßt erweiterte Gemäldegedichte über und anhand von Amateur- und Profi-Fotografie, Film- und TV-Ausstrahlungen oder auch Feldpost-Ansichtskarten aus dem Ersten Weltkrieg. Damit nicht genug der geheimen Sendschreiben, die Liste ist wesentlich länger, ich schreibe nur auf, an was ich mich eben erinnere – und die Katalogtexte über zeitgenössische Künstler sind noch nicht berücksichtigt. Der mündliche Vortrag einer Auswahl von Gemäldegedichten im Basler Kunstmuseum dauerte jedenfalls eine gute Stunde. Das betreibe ich weiter, dieses Anlegen von Wegmarkierungen, diese kaum auffallenden Male, diese Sprachknoten, da kommen immer welche, die versiert sind und sich ein Bild machen können, ein Bild von deutlicher Knotenschrift.

Vier Miszellaneen

Bipedie

Was hört sich aufrechter an als der von der einst sogenannten Krone der Schöpfung aufgerufene – aufrechte Gang?
Nichts hört sich aufrechter an.
Sie, die Zweibeinigkeit, ist, nun femininum weiter, ja auch schon seit Millionen Jahren mit dabei, und es stammt noch aus der frühen, sehr breitnüstrigen Hominidenzeit, daß die Bipedie eingeführt würde.
Warum geschah das?

Wir sagen schön: Gehör und meinen noch Gelausch, und müssten schön vom Gesichtssinn schon sprechen, dem Sehen, dem halbanimalischen, noch vormenschlichen: Geschau. Schöne Wörter dies – Geschau, Gelausch. Die aus Jagdzeiten, die aus Savannengemurmel blitzgeschwind mal hervornüstern. Und da drüben grad wieder.

Welcher Sinn mag den Vorrang haben, welcher gewinnt im Vergleich wohl das Ranking, lassen wir uns auf dieses nicht unlaszive Spiel einmal kurz ein? Die Antwort geben Paläoanthropologen. Sie wissen, wie auch die fitteren aus der Archäologie, daß das Auge das entwicklungsgeschichtlich bei weitem ältere Wahrnehmungsorgan ist, viel älter als das Gehör: aus Gründen des Fern- und des Weitblicks, versteht sich. Aus der Überlegung heraus: Ich muss (sie) hier die raubtierverseuchte und feuergefährliche Steppe überblikken (lassen). Schnellere – rechtzeitige – Wahrnehmung schützt!

Wenn das – wie hier: Wissenschaftserkenntnis zum Primat des Sehens vor dem Hören – manchmal banal genug, an einen Heimwerkerspruch erinnert (Gefahr erkannt, Gefahr gebannt), dann hat das eben Gründe – *Video killed the Radiostar!*

Jagdzauber

Was bedeutet das Jahre später, Erdzeitalter später, was bedeutet das für das Gedicht? Gibt es das reine Gedicht überhaupt, wie es zuletzt dem 19. Jahrhundert vorgeschwebt hat? Mallarmé und seinem gravitätischen Weihrauchschwenker Valéry? Ist im Jagdzauber – murmel-murmel – der frühen Steppe etwa das reine Gedicht erkennbar? Riecht er nicht, der Gegner-Zwingspruch, immer nach Resten, haftet nach fleischlichen Winzigkeiten nicht sofort die Hominidenwitterung am Jagdzaubergedicht? Was für einen lächerlichen Kitsch breitet ein Valéry da aus, wenn er über das sogenannte reine Gedicht meint rechten zu müssen! Sein Credo ist ein geradezu zynisch simples: »Was aus schönen Elementen besteht und nur aus solchen, das ist Dichtung.« Punktum. In einem solchen Fall ist allerhand an Poesie erledigt, zum Beispiel, aufgrund der Verwendung eines Rotwelsch-Wortes, ein reizend schillerndes George-Gedicht.

Ja, das Gedicht braucht, wie das Gemälde, den »schmutzigen Daumen«, wie es Sigmar Polke einmal gesprächsweise formuliert hat. Und unter seinem Nagel darf und *muss* ein Blutrest sein. Denn: daß das Gedicht sehr wohl, auf diese *letztlich dokumentierende Art,* die Funktion des (selbstverständlich didaktikfreien) Blutzeugen erfüllen kann, steht für mich weiterhin außer Frage.

Hildegard von Bingen

Die intellektuell Auffälligste, die *spin-dottoressa* aus dem 12. Jahrhundert und rigorose Chefin des gleichnamigen Braintrusts, sieht die Lage – Auge vor Ohr – noch ganz antikisch erzogen, identisch, deckungsgleich in gewissem Sinn mit den neueren naturwissenschaftlichen Erhebungen. In ihrem Werk *De Operatione Dei*, etwa: Gottes Vorgehensweise, schreibt Hildegard zum Primat des Sehens: »Das Sehen aber – der Sinn der Augen –, womit der Mensch alles anschaut und begreift, hält mit Recht unter den übrigen Sinnen die Spitze. Seinem Ort nach höher als die anderen Sinne, erfasst das Sehen mehr als alle Sinnesorgane die entfernter liegenden Gegenstände.«

Ganz klar für Hildegard – das Sehen ist für sie wahrnehmungstechnisch die Königsdisziplin.
Über das Hören, das in der Monats-Hierarchie im sechsten Jahresabschnitt nach dem im fünften abgehandelten Sehvermögen als zweites Wahrnehmungsorgan an die Reihe kommt, heißt es darauf, und der strengen und durchdachten Frau (oder ihrer Arbeitsgruppe) gelingt hier ein wunderschönes Bild: »Ähnlich ist der zweite Sinn, das Hörvermögen, gewissermaßen ein kleiner Flügel für das Verständnis der Worte, die er empfängt. Indem die Ohren den Klang einer jeden Erscheinung aufnehmen, kann jedes Ding der Natur, was und wo es auch sei, seinem Wesen nach erkannt werden.«

Scheint die Autorin auch, wie aus dem Zusammenhang hervorgeht, an einen – ermüdeten, mitunter schlapp hängenden – Vogelflügel zu denken, so gelingt hier doch geradezu ein merkurisches:

ein flügelbeschuhtes Bild! Das erst recht zu erheben versteht. Und ist nicht von Bingen aus ein Nachklang zu vernehmen aus dem Kloster St. Gallen, wo der Thurgauer Mönch Notker III. (der Deutsche genannt) den Nordafrikaner Martianus Capella übersetzt hat? Mit seiner unvergleichlichen – und unvergleichlich ins neue Althochdeutsche übersetzten, wie man hinzuzufügen hat – Materialsammlung *De nuptiis Philologiae et Mercurii*.

Übrigens: Notker und Hildegard, keiner von beiden wurde heiliggesprochen.

Dichtungstheorie – Übersetzungstheorie. Das Diktierte und das Verfasste: »Indem die Ohren den Klang einer jeden Erscheinung aufnehmen, kann jedes Ding der Natur, was und wo es auch sei, seinem Wesen nach erkannt werden.«

Die Aufwertung des Gehörs vor dem Sehen geschieht in der Folge noch deutlicher (»Das Gehör ist der Anfang der vernünftigen Seele«), und direkt an diesen Satz anschließend gibt Hildegard noch eine vielleicht nun nicht unvermutete Äußerung zum komplexen Bereich von Mündlichkeit – Schriftlichkeit, klar eine kardinale Aufgabenstellung der klösterlichen Skriptorien, der in der täglichen Praxis tatsächlich ausdauernde Aufmerksamkeit zu schenken war: »Wie nämlich *geschriebene Worte zuvor ausgesprochen* werden, so wird über das Hörvermögen das Diktierte und Verfasste, je nach dem Vorhaben des Menschen, zur Ausführung gebracht.«

Matronen

Der italienische Kulturhistoriker Carlo Ginzburg, der als fulminanter, materialreicher und akribischer Entzifferer der weiblichnächtlichen Geschichte schamanistischer Ekstasen gerade Mitteleuropas (und hier insbesondere der italischen »Benandanti«) auch auf die keltischen Kulturkreise der Matronae (Matrae, Matres) einen aufmerksamen Seitenblick sendet, macht in dieser Reihenfolge die hauptsächlichen Verehrungsregionen dieser bedeutenden Frauenkulte fest – Niederrhein, Frankreich, England, Norditalien. Hierbei ist die Inschriftenlage der häufigeren und votivähnlichen Denkmäler interessant, fällt doch auf, daß in den lateinischen Inskriptionen, so Ginzburg, »Formulierungen auftauchen, die auf einen direkten, über den Gesichtssinn *(ex visu)* oder den Gehörsinn *(ex iussu)* hergestellten Kontakt« hindeuten. Das ist in der Tat aufschlussreich. Sollte die Göttin sich ihren Anvertrauten – die Muse der Dichterin und dem Dichter – ungesäumt zugewandt haben?

So, vorschlagsweise: *Ex iussu* – über bromische Schallworte, wie Gebirgswässer-Tosen. Und – ineins! – deren weiß hochgischtend davonziehende Sprühnebel – *ex visu*. Über den reinen Sound unter Blitzschlag – *ex visu* – berstender Stämme wohl – *ex iussu*. Dies könnten sie sein, unter zahlreichen anderen natürlichen Möglichkeiten, versteht sich. Sind dies nicht die von der Göttin »ausgesprochenen« und deutlich deutbar, sichtlich »einsehbaren« Appelle, Aufforderungen, Einbeziehungswünsche? *ex iussu*! – *ex visu!* Verwirklicht die Göttin sich nicht im ekstatischen Schrei, in der inbrünstigen Evokation ihrer Priesterinnen am allerdeutlichsten?
Gibt es nicht auch hier Berührungspunkte: zu den byzantinischkarolingischen Aposteln – was für riesige Augen! – auf Wandbild-

malereien, die über ihren Skriptorien-Pulten arbeitend ihre Ohren zum Himmel recken, sie spitzen. Geradewegs ihre soundhungrig, ihre worthungrig aufgesperrten, ihre botschaftsheißen-flügeligen Satellitenschüssel-Öhrchen – wetzen?

Oder die *ex visu*-Aufforderung durch die Gottheit. Die adäquateste, fairste Übersetzung – Sinneseindruck. Ungleich deutlicher – Wahrnehmung.
Und was wäre das Gedicht anderes als eindrückliche wie, verständlicherweise, hochsublimimierte Wahrnehmung?
Wieder einmal – das Gedicht als Wahrnehmungsinstrument.
Für diesmal von Sinnen bemuttert – matresgestützt –, *ex iussu* und *ex visu*.

Amaryllis Belladonna L.

doch diese augen leuchten schwarz noch im vergehn.
groß, als ob der garten, ins herbar gepreßt, so einfach
zu begreifen wäre wie ein netz. die äderungssysteme

stehen auf und haben weite: strahl und gift. so rauscht
die blüte, findet sich gedruckt; hat altersfarbe, stockt
und hat das licht um im papier sich selbst zu sehn.

ist dies der druck, den die linné'sche lumen-uhr –
der zeiger reckt den hals –, ist dies ein platzen, regnen
und verrinnen? ist farben-rast dies, andacht, rasen, köp-

fe – hängen lassen? und hat die eigene farbenskala,
aufgeschäumtes rot, mit festem blick. der stockfleck
nennt die stunde; blitzen. nachtgesicht lädt auf.

Steinobst, Mirabelle

so dicht an dicht, so zäh so weiß
besetzt: gespickt von süzzer blüthe!

so eng an eng, so reich: so sprachreich
der geruch –

und selbst der hagel, projektil vom bodn
federnd, hat ihr nichts angetan.

so schäumt die weiße sanft, an wilden
zweigen, während, april, der

steinobstmond – nervös, schwarzweiß,
textile nacht – in etwa überdauern kann.

(für Anja Utler)

Über das Bildfinden I
Jagdspruch aus dem Kalevala

nebelmädchen
sieb den nebel
mit dem haarsieb!
nebel da hin wo
das wild steht:
daß mein nahen
es nicht höre –
fliehen sei für es
nicht möglich!

Über das Bildfinden II

aber die sprache,
aber die sprache,
aber die sprache:

dies ständige, ständige,
vollständige fragment

Bärengesang

I

Ich kannte dreizehn worte
für mein bein,
für meinen fuß,
für bärenbein und bärenfuß.
die kenn ich nun nicht mehr.

Elf worte für mein auge
so sagt' ich zu ihm: stern
zu meinem
bärenauge.
die kenn ich nun nicht mehr.

Mit dem leichten hintern
des hasenmännchens
sprangen wir vom boot an land,
zahlreich wir, männer und frauen.
sahen die hagebutteninsel.

Vernahmen die rote,
die hagebuttennachricht –
so groß so prall wie rentierlippen.
eine eisenkette, klirrend, aus
licht, die herabhing vom himmel.

Vom siebenschlündigen himmel:
herabhing, klirrend, wie silber,
mich aufzunehmen, aufstieg:
nach meinem bärentod, dem bären-
fest, dem -tanz.

II

Dieser ostjakische ..., dies
die zusammenlegbare nachricht.
über die zarten bühel
übern permafrost hell meterdick
und 's dickicht, gutgelaunte bödn.

Überm mammut-hort drobm
die sonne als faulbeerreichtum
glatt-erstrahlend!
der mond verdeckt halb
als freche hagebutte!

Die hagebutteninsel über
und über bedeckt – rotphase.
schrift abgeknickter ästchen.
ein mischwald, ein birkigt,
erschillernder lindenhain.

Der ahlbeerkirsche zusammen-
legbare nachricht: da sprangen zahl-
reiche männer und frauen, bärenherzig,

mit den leichten hintern der hasen
aus dem vogelgeschmückten ans

Ufer, aus scharfnasigem boot.
ich kannte acht worte für meine
eingeweide, für meine galle
für bäreneingeweid, für bärengalle.
die kenn ich nun nicht mehr.

III

Ziehen über jägersteige
steif, in abrutschendem dampf.
und ziehen aus den köchern,
während die hunde wittern: die
zweispitzign, die pfeile heraus.

Wo sie beeren rauften: schrie! ich
sie an aus vollem hals gleich einem:
bärenwaldtier, und sie floh'n. doch
eins erwischt' ich, deren mutter wie ein
fohlen mir zu ehren hatte noch getanzt.

»Armes mädchen, du bist tot, du bist tot!«
vor todesangst schon tot, so rief ich, warf
ich sie in meinen hohlen, zahnvollen mund.
in meinen bärenmund und ich benagte es,
das mädchen – als wenn's ein entlein wär.

Mit pfeilen, mit dem riemenspeer,
zuletzt dem eisenbeil, mit seines rückens
stumpfem gegenstand, so drangen sie
umzingelnd auf mich ein – ach, rotphase.
so starb den Großen Tod des

Bären=ich – sie nahmen mir
den heiligen, den unversehrten pelz.
wie wenn der elster man die haut
abzieht! dann bärengasterei,
gefolgt vom bärentanz.

Worauf der himmelsmann
– mein siebenschlündiger vater –
an klirrender eisenkette, die wie
reines silber klang: mich nach oben
zog, mich: im silberschmuck!

Ich kannte alle worte
für kralle, magen, mund und kopf.
für bärenkralle, bärenmagen,
bärenzungenspitze,
für meinen bärenkopf.

die kenn ich nun nicht mehr.
die brauch ich nun nicht mehr.

(für Heidi Kling, 1927–2005)

Die Himmelsscheibe von Nebra

Wie traurig steigt die unvollkommne Scheibe
Des rothen Monds mit später Gluth heran

Faust, Walpurgisnacht

Die Himmelsscheibe von Nebra I

Nach
nordnordwesten zu
da liegt ein brocken
mir im blick.
blickbrocken.
gesplittetes bild.
den sehen, sehen wir
vom erdwerk aus,
im horizont.
den sehen,
den fixieren sie
vom erdwerk aus: bei klarer luft
und festem datum.

sind irgend feiern das,
mit ausgefeilter lichtregie –
ich weiß es nicht, und darf das auch
nicht wissen,
von denen wir
nichts wissen dürfen.
(erdwerk schürfen).

und nur die palisade ahmt den zahnstand nach.

Die Himmelsscheibe von Nebra II

Drauf haben wir die horizonte
aufgetrennt – zusamm'gezogn.
bis bronze auftrat, austrat:
flüssiggemachte.
                                        vom mittelberg
zum mittelgipfel, schauen.
block für blickblock,
bleistift-,
bronzemarginalie.

schauen wir
zurück. als: ob
wir nichts sehn?

auf schauerlich verregneten,
auf prozessionsalleen.

Die Himmelsscheibe von Nebra III

Was für dolden, büschel,
welche samenkapseln platzen auf?
was verkriecht sich in klamotten
bei der drusch?
                    einkorn der sonne,
emmer des lebens, und so fort.
                                        unter
klarsicht-horizont,
                         wir peilen's nicht,
in diesigkeit geborgen.

unter reinster vokabel, sagen wir: vogelzug;
deutbarsten zeichen und gemerken.
ein sänger kniet und singt davon.

schmiede: angstrußige brüder. denen
die würdigste bestattung zukommen könnt.
weil.
die bronze!, die bronze rollen
machen könn'…

ein knapper waber
in den augnspiegeln.

wobei.
die braue brutzelt kurz, wird
abgeflämmte stoppel.

was die schmiedin sieht.
und riecht.

Die Himmelsscheibe von Nebra IV

1

Noch
eine schneeräude, jetzt?
täuscht das, oder, um diese
jahreszeit?

ein glattes felsweg-labyrinth:
in dem's nach tier – nach pisse – in dem es stark
nach stierurin, nach frischen lachen:
verstänkerungsmittel,

stimmcluster dazu
(so was wie:
knossos-scharren, mykenische ausflockung von
scharfgesengtem huf und)
gewölke in
dieser durch und durch bewegten luft.

geruch, geheul und nachgeahm-verzerrer
wird nas' und ohren eine last.

aus dieser angepeilten,
frühzeitig
aus untersicht gepeilten gegnd

von Elend und Schierke.
an einem einundzwanzigsten juni.

wo,
bei steigender clusterbelagerung:

der peiler in hohlwegen,
bei flechten, die über blöcken erglimmen

glatt stierpisse riecht. und das ohren-
betäubende.

2

glaubt es, durchs zeiss-glas:

über harsch-
flecken
hin-

segelnd, steil
übern
jägersteig abwärts,
rasant, und im stoppenwollen
schon handknochn zeignd,
und über und über
das stürzn, der sturz –

das endet,
verschwiegenen glucksens,
im rinnsal, im sinnsal;
das
endet in einzelbildschaltung,

endet in keinem
aufwachraum.

Die Himmelsscheibe von Nebra
Epilog

Unter wolknschluck-
                                        hortfunde, gesichelt,
während der bodn murrt.
                                                die vielen
aufblendungen darin,

die: in vielfach ab-
geblendeter gegnd.

unter wolkenschluckauf
dies:
Murnau'sche jagen,
lauthals vielleicht,
halb augnlos,
in aufgeblendeter, und
                                            wieder
abgeblendeter gegnd:
                                            Murnaus
                                              wilde schattenjagd.
                                                                        so
geht die gegnd, so gehtse in fetzn –

unter vielen weißblenden,

und blitzbildern.

steady cam, murrend.

ja.
tcha.

da ist progredienz drin.
im murrenden, im muckenden
organ.
          schattenmeldung, die
sich in den
gehörgang stürzt. nicht licht-
progredienz, nichts von gegennacht. nein, schatten.
und ziemlich
verschattete gegnd ist das menschenohr.

                                        tcha. ja. so
geht, jagend,
unter wolkenschluckauf
die gesichtete, gesichelte

gegnd in fetzn.

Vergil. Aeneis – Triggerpunkte

Also singt aus dem heil'gen Geklüft die Seherin Cumäs
Mit grauenvollen Getöns Umschweif, und brüllt aus der Höhlung
Wahre Laut' in Dunkel gehüllt; so schüttelt des Wahnsinns
Zügel mit Macht, so bohrt in die Brust ihr den Stachel Apollo.
Johann Heinrich Voß (1797), Sechster Gesang V 98 ff

Sibylle Delphica

Aus den augnwinkeln, vielleicht.
das bacchische, bei
epheugrünem augnpaar,
das bacchantische ist ausgewandert. und ein-
gewandert in diese
augnwinkel einer münsteranerin.

ist es ein wiesel?
oder hermelin? das mörderäugig
hier das weltei köpfen wird?

(und schlürfen wird: tierisches eiweiß)

sind's iltis-
öhrchen? die feinbehaart
das schale-knackn
hören werden? (ja.)

sag.
nimm,
Hermann tom Ring,
rotmarderpinsel.

nimm die augn, nimm deine augn zum zeugnis.
nimm ihr die augn, nimm die unbestechlichkeit,
ihre bereitschaft zur raserei.

nimm's
als ihre bereitschaft zum gottesdienst.

daß – stachel, stimulus: ein unerkannter wespengott? –
daß eine Sibylle sie ist.

Sibylle Hellespontica

Alter magnetbänder schweres mahlen.
prophezeiungen aus hingestückter stimme,
verzerrt. fast eine ältre frauenstimme kaum, bei un-

mißverständlichem inhalt –
band schleift; stimmband in auflösung begriffen.
der ihr pelzbesatz; das rote, theure cape.

von den schläfn wehend: tüllschleier – durch tüllschleier
sprache;
              und der pokal steht feste über einem buch.

Sibylle Cumaea

Sie ist es:
die macht Aeneas zur schnecke.

sagt ihm,
was zu tun sei – opfern.

sagt's ihm,
dem Aeneas, eindringlich, macht ihn zur sau
mit schauerlicher stimme:

was dem gotte,
was Apollo zusteht.

                    wie die codes sind;
pflichten, zukünftiges; wie:
trächtige wölfin,
stadtgründungs-arie.
& daß nichts läuft, hier,
ohne goldnen zweig.

                    & zeigt
dem neuankömmling (rolltreppe
im magen)
                            wo's langgeht.

runter.

Sibylle Cimmeria

Gesicht verzerrt.
unhörbarer stimmverzerrer.

nicht hier zu sehn, zu hören,
bei ruhig hingestellter
schrift.

spricht wahrheit;
spricht wahrheit angedunkelt,
weiß sich hineinzudenken:
in Aeneas' des klienten ehrgeiz rein.

... wobei die weiberstimme schauerlich,
die lippe schief, mundwinkel
schaumig, zunge macht
fast was sie will –

ansehnliche, und,
überfallartig: unansehnliche priesterin;
deutlich vernehmbar:

spricht konzentriertes,
spricht *oracula sibyllina,*
spricht, was aufgezeichnet,

schamanische aufzeichnung des zerstückten Vergil,

spricht spricht,

hör, wie sie spricht.
spricht,
was mitgeschnitten wird.

mit mitgeschleppt
kiloschwerem röhrengerät.
das bekannt katziggrün,
das sich ziehende, das bekannte magische auge.

ist dann wieder da, irgendwann; die daumen
biegen sich wieder.

mitbringsel schweiß.
schweißfilm.

und findet – seitenblick – den führer: kreidebleich.

Sibylle Tiburtina

Aus den lagerlautsprechern:
Styx!
Acheron!

dies ganze giftige heulen
der abgeschiedenen, während

totenfluß, aufschäumend (oder modrig erstickt in stillstand)
von eisenketten abgeteilt.

man sieht,
                    Aeneas muß sich zügig
übergeben; gebeizte luft, un-
ausgesetzt die a-

temnöte:
                    die ganze folterei. das ab-
urteilen durch ein schnellgericht.
gewiß kein schöner anblick

alles das.

Vergil (mit Nietbrille)

Ich sitz am sechsten buch – da fällt Ihm Actium ein.
ach Actium. ein schnuckeliger golf wohl, badebuchten,
in was für gottverlassner gegnd? über die im wellenflug
nur mir gedanken gehen. armes Epirus: zone, mehr
als abgelegen; gelände, dem kaum aufzuhelfen ist.

dies Sein seesieg –
waterworld's salzgetriebene mythenmaschine.

in meinem lang südlich gewordenen ohr hör ich mitunter:
kreischende und wieder aufkreischende, die auftauchend
sonne reflektieren, kreischende schiffschnäbel, gefolgt von
splittern, sehr hässlich das (von knochen und von holz).

splittergeräusche.
fühl mich schlapp
heut. das alles spielt
in meinem kopf sich ab.

splittergeräusche. dazu
den tonschnitt, historische beratung, gerammter bilder-pool.

ich sitz allein. zum glück!
ich sitz am sechsten buch.

gesammelt wieder.
bildstrom & zeichen trick
& trickster.

die den text durchwirbeln.
friedlicher windzug von see.
die bucht, ruhig, befächelt,
wo ich, wie jetzt, Sibylles stimme
deutlich hören kann.

rotglut der bilder. aufschmelzungen.
und alles – alles
ins fließen gebracht:

in meiner bildschmiede,
schildschmiede.
seit sonnenaufgang bin ich – Vulcan.

Der Schild des Aeneas

Einäugig geschmiedet,
zyklopen-retina,
einäugig geschmiedete
panoramakamera.

parallelgeschehen, zeitenwenden. wie:
romulus' thierfilm zeigt – wölfinlefzen
gut im bild, tonschnitt in ordnung, etwas
übersteuert.
                    kampfgeschehen.

Inhalt

Der Zyklus *Mahlbezirk* wurde veröffentlicht in: Neue Rundschau, Heft 2, Frankfurt 2003. Die Fotos stammen von der Fotographin und Malerin Ute Langanky, der wir für Abdruck und Zusammenarbeit danken.

Erste Auflage 2005

Ausstattung und Umschlag: Groothuis, Lohfert, Consorten (Hamburg)
Gesetzt aus der Adobe Garamond
Gedruckt auf säurefreiem und chlorfrei gebleichtem Papier
Satz: Greiner & Reichel, Köln
Druck und Verarbeitung: Clausen & Bosse, Leck
Printed in Germany
ISBN 3-8321-7917-8